科技部 2021 年度"社会治理与智慧社会科技支撑"重点专项"大规模学生跨学段成长跟踪研究"课题"多维度多场域学生数据采集技术"资助

课题编号：2021YFC3340802

U0156001

机器学习与学习资源适配

刘 海 张昭理 编著

电子工业出版社
Publishing House of Electronics Industry
北京•BEIJING

内 容 简 介

本书针对学习者在选择合适的学习资源时所面临的问题，利用深度学习技术分别对学习者模型、学习者的反馈信息、学习者的社交关系和学习资源的知识图谱等方面的内容进行建模研究。本书采用定量与定性的研究方式评估了所提出的学习资源适配模型，并实现和开发了学习资源适配服务平台，从理论和实证研究相结合的角度对学习资源适配技术进行了系统性的研究。本书图文并茂，既有详细的模型算法图，又有严谨的公式推导和实验验证，所构建的模型能够有效地提高学习资源适配的准确率，使学习者在进行在线学习的过程中获得更加个性化的学习体验，以提高学习者的学习效率，具有一定的理论研究价值和较高的应用可行性。

图书在版编目（CIP）数据

机器学习与学习资源适配 / 刘海，张昭理编著. —北京：电子工业出版社，2023.7
ISBN 978-7-121-45699-2

Ⅰ. ①机… Ⅱ. ①刘… ②张… Ⅲ. ①机器学习 Ⅳ. ①TP181

中国国家版本馆 CIP 数据核字（2023）第 098546 号

责任编辑：缪晓红　　　　　　　特约编辑：田学清
印　　刷：三河市华成印务有限公司
装　　订：三河市华成印务有限公司
出版发行：电子工业出版社
　　　　　北京市海淀区万寿路 173 信箱　　　邮编：100036
开　　本：720×1000　　1/16　　印张：13.5　　字数：249 千字
版　　次：2023 年 7 月第 1 版
印　　次：2023 年 7 月第 1 次印刷
定　　价：95.00 元

凡所购买电子工业出版社图书有缺损问题，请向购买书店调换。若书店售缺，请与本社发行部联系，联系及邮购电话：（010）88254888，88258888。

质量投诉请发邮件至 zlts@phei.com.cn，盗版侵权举报请发邮件至 dbqq@phei.com.cn。

本书咨询联系方式：010-88254760。

前　言

学习资源适配

随着知识经济时代的到来，当前的学习模式受到了前所未有的冲击，各种新的学习模式如潮水般涌现。在所有的学习模式中，最具冲击力的是随着网络技术发展而出现的网络化教学，又称在线教学。在线教育环境在近年疫情期间取得了快速发展，为学习者学习和获取知识发挥了重要的作用，直播课教学逐渐成为一种新的教学方式。然而，教育大数据的发展带来了信息冗余、教育资源质量参差不齐的问题。学习者在学习过程中面临信息过载和信息迷航问题。如何满足学习者的个性化需求成为在线教育面临的重要挑战之一。学习者在选择教育资源时，不仅要面对从海量的学习资源中选择合适的教育资源的难题，还要面对优质教育资源的选择和判别的问题，这对当前的学习者来说无疑是很困难的。如何在海量的学习资源中选择适合学习者的优质教育资源是一个亟待解决的问题。个性化的学习资源适配是一种高效、快捷且具有长远发展前景的解决方法，可以根据学习者的偏好特性为其选择合适的优质教育资源。

因材施教

《国家中长期教育改革和发展规划纲要（2010—2020年）》提出："注重因材施教。关注学生不同特点和个性差异，发展每一个学生的优势潜能。"促进学生的个性化学习既是教学实践的终极目标，又是教育理论研究的内在宗旨之一。学习资源适配服务为学生提供个性化的学习指导和合适的学习资源，满足学生个性化的学习需求。

学习者在学习目标、学习路径、学习方法等方面的不同导致其对教育资源的需求会有所不同，这使作为供给侧的教育资源为学习者提供精准教学服务变得异常复杂，系统必须引导学习者完成个性化学习过程。因此，在教育资源推荐中，如何挖掘学习者的特点，生成合适的学习者个性化学习路径，以及设计个性化的教育资源推荐方法等成为教育资源推荐领域迫切需要解决的难题。

精准服务

随着人工智能的蓬勃发展，知识共享与互联网教学的普及逐渐深入。个性化学习的理念被注入教育系统，如何有效利用技术手段实现精准的个性化学习服务不仅是未来教育的主要方向，还是教育信息化发展的核心目标之一。当前教育领域所产生的海量数据不仅包含了教学者和学习者的数据信息，还容纳了数以万计的学习资源数据。如此大量的资源信息带来了教学过程的资源过载和资源迷航问题。通过针对性地对教育领域的数据进行精确分析，可以帮助教学者实现个性化人才培养，并有效提高学习资源适配在教育领域的应用潜力。教育的本质即服务，根据学习者和教学者的切身需求进行个性化推送能实现资源的有效利用和精准服务。

本书导读

本书主要分为 3 部分。第 1 部分讲述了机器学习与学习资源适配的概念和发展背景，以及它在教育领域的发展方向与技术挑战，落实到具体的现实需求以把握全书的脉络和内容。第 2 部分从多种技术手段分别阐述了学习资源适配与推荐的方法，并详细介绍了本书所提到的 5 种模型的实现过程和评价体系与标准。第 3 部分分别从学习资源适配系统的开发与实现，以及该领域的应用前景出发，探讨个性化学习的服务内容、研究方法与应用场景。通过以上 3 部分的阅读，读者可以全面了解个性化学习与学习资源适配领域的研究发展脉络、核心方法和相关领域的研究状况，为读者今后的学术科研、教学实践，以及对学习资源适配系统的研发提供理论依据和技术支撑。

致谢

在编写过程中，张昭理教授提供了方向上的参考，我们的博士和硕士研究团队对相关资料进行了收集。对此，均表示诚挚的谢意。由于编者水平所限，书中难免还存在一些缺点和错误，期待广大读者对本书中存在的疏漏和不足之处提出批评指正。

刘海

2023 年 4 月

目　录

第1部分　绪论

第 2 部分　关键技术

第3部分 应用与展望

扫描可查看全书配图

（部分为彩图）

第 1 部分

绪论

第1章 研究背景与意义

1.1 相关政策

随着人工智能、移动互联网、富媒体、移动终端、虚拟现实等技术的发展，智慧学习时代的学习场所已经从物理学习空间拓展到网络学习空间，以网络学习空间为载体的学习场所充斥着海量的学习资源，如何帮助学习者快速、精准地进行学习资源推荐备受国内外教育和研究机构、政府组织的重视。"人工智能+教育"全球政策分布如表 1.1 所示。

表 1.1 "人工智能+教育"全球政策分布

韩国	《2022 年教育信息化实施计划》
欧盟	《人工智能时代的人类与社会》（2021）
美国	《2022 地平线报告：教与学》
英国	《认识科技在教育方面的潜能：为教育提供者和技术产业制定的战略》（2022）
澳大利亚	《数字经济战略 2030》
印度	《印度政府为推进人工智能促进教育转型工作所采取的步骤》
中国	《教育信息化 2.0 行动计划》（2018）、《中国教育现代化 2035》

1.1.1 国内政策

进入 21 世纪以来，在信息技术的高速发展和强力渗透下，信息技术正在助力构建网络化、数字化、个性化、终身化的教育体系，以教育信息化带动教育现代化。自 2003 年，我国先后实施了"农远工程""金教工程"，我国政府在 2010 年发布的《国家中长期教育改革和发展规划纲要（2010—2020 年）》中提出"关注学生不同特点和个性差异，发展每一个学生的优势潜能"，鼓励个性化发展，为每一个学生提供适合的教育的观念；在《教育信息化十年发展规划（2011—2020 年）》中也提出"努力为每一名学生和学习者提供个性化学习、终身学习的信息化环境和服务""面向全社会不同群体的学习需求建设便捷灵活和个性化的学习环境"。

2015 年，国家发展和改革委员会发布《国家发展改革委关于实施新兴产业重大工程包的通知》，在"产业创新能力工程"中提出"构建创新网络，在城市轨道交通、环保、社会公共安全、互联网+、大数据、健康保障、海洋工程、信息消费、智能制造等领域建设一批创新平台，联合现有国家创新平台，形成网络体系"。2015 年，国务院发布《促进大数据发展行动纲要》，在"公共服务大数据工程"中明确提出要建设教育文化大数据，提出"探索发挥大数据对变革教育方式、促进教育公平、提升教育质量的支撑作用"。2015 年，教育部办公厅印发的《2015 年教育信息化工作要点》提出"推进大数据应用，发挥监测、评价、预测及预警功能，为科学决策、宏观管理提供依据"。我国也高度重视大数据发展，2015 年国务院制定了"互联网+"行动计划，发布《促进大数据发展行动纲要》，其中明确提出数据已成为国家基础性战略资源。《2016 年教育信息化工作要点》中进一步强调了教育大数据的重要性，提出"制订《教育数据管理办法》，规范各类教育基础数据的采集、存储、共享、发布和使用"。教育部印发的《教育信息化 2.0 行动计划》的基本目标中提到要推动教育资源从专用资源到大资源的转变，持续推动信息技术与教育深度的融合，促进个性化教学资源服务。此外，关于政协第十三届全国委员会第四次会议提出的《关于信息技术助力个性化学习和终身学习的提案》，教育部明确答复，要加强网络学习空间与数字资源建设，实现个性化教与学。分别从加快推进教育新基建、深化普及网络学习空间应用、促进优质教育资源共建共享这 3 方面进行推进。

《中国教育现代化 2035》政策明确指出要构建服务全民的终身学习体系，构建更加开放畅通的人才成长通道，完善招生入学、弹性学习及继续教育制度，畅通转换渠道。建立全民终身学习的制度环境，建立国家资历框架，建立跨部门、跨行业的工作机制和专业化支持体系。建立健全国家学分银行制度和学习成果认证制度。强化职业学校和高等学校的继续教育与社会培训服务功能，开展多类型、多形式的职工继续教育。扩大社区教育资源供给，加快发展城乡社区老年教育，推动各类学习型组织建设。

1.1.2　国外政策

信息技术与经济社会的交汇融合引发了数据的迅猛增长，大数据技术通过快速获取、处理、分析海量数据并从中发现新知识、创造新价值、提升新能力已成为新一代的信息技术和服务业态，对全球生产、流通、分配、消费活动，以及经济运行机制、社会生活方式和国家治理能力产生重要影响。全球范围内的发达国家相继制定实施大数据发展战略，在资金和政策上支持大数据研究，以大数据推动国民经济和社会发展。

目前，个性化学习已成为世界各国教育创新改革的重点。英国政府于 2007 年 1 月发布的《2020 愿景：2020 年教与学评议组的报告》描述了 2020 年实现个性化学习的教育愿景。2008 年，美国国家工程院评出人类在 21 世纪面临的 14 大科技挑战，明确提出推进个性化学习的目标。2010 年 11 月，欧盟通信委员会向欧洲议会提交了《开放数据：创新、增长和透明治理的引擎》的报告，并于 2011 年 12 月 12 日正式推行欧盟开放数据战略核心，旨在数据开放共享的基础上提供创新工具和资料，形成有效共享和整合的公共数据池，更好地发挥大数据的价值。2012 年 3 月，美国政府发布《大数据研究和发展计划》，旨在提高现有的人们从海量和复杂的数据中获取知识和观点的能力，从而加速美国在科学与工程领域发明的步伐，增强国家安全，转变现有的教学和学习方式。澳大利亚政府信息管理办公室于 2013 年 8 月发布了《公共服务大数据战略》，旨在推动公共行业利用大数据分析促进服务改革、制定更好的公共政策、保护公民隐私，使澳大利亚在人工智能大数据领域跻身全球领先水平。2014 年，美国发布《2014 年全球"大数据"白皮书》，围绕美国与大数据的现实关系展开讨论，并提出了大数据的发展建议。2016 年，《Science》报道了美国国家科学基金会未来发展的六大科研前沿，其中包括大数据支持下的学习评价机制创新与基于人机互动前沿的学习环境创新。美国高等教育信息化协会发布的《2022 地平线报告：教与学》中明确指出当前基础教育领域的发展趋势必将围绕着增加学习机会和便捷性、跟踪和评估学业进展数据与促进教学专业化等几个方面展开。

在教育领域，"数据驱动学校、分析变革教育"已成为教育改革和发展的共识。教育大数据为优化教育政策、创新教育教学模式、变革教育测量与评价方法等提供了客观依据和崭新的视角，开启了教育改革创新的新篇章。世界各国纷纷采取行动以推动教育大数据的发展。美国教育部于 2012 年发布了《通过教育数据挖掘和学习分析促进教与学》报告，为美国高等院校和中、小学在大数据教育应用方面提供了有效指导。印度政府 2012 年发布的《第十二个五年计划：2012—2017》中指出将重点关注数据驱动的教育决策，帮助教师更有效地在课堂中使用信息技术，实施因材施教，提升教育质量。2013 年，美国又发布了《教育部战略规划

（2014—2018）》，提出将帮助各州构建数据系统和通用数据规范，并帮助教育机构和教师提高使用数据来提高教学效果的能力。大数据分析已经成为美国教育教学改革的重要力量。欧盟在 2013 年启动了为期 7 年的研究与创新框架计划——地平线 2020，明确提出了教育大数据学习服务规划，将教育大数据采集和挖掘列为该计划的研究议题之一。澳大利亚教育与培训部在 2013 年发布的 5 年规划中提出要构建基于证据和分析的文化，提高数据分析和分享能力，制定基于数据和证据的有效教育政策，推进针对教育评估的数据收集并建立面向决策制定者、教育机构、教师和家长的数据分享机制。

　　针对上述的宏观发展趋势，必不可少地需要相应的关键技术和实践才能对高等教育教学产生影响。用于学习分析的人工智能可通过使用机器学习的方式来组织、分析和理解数据，以决策和支持学生获取想要的结果。人工智能技术的广泛采用将使学校更便捷、更精确的采集、分析并使用各教学系统平台上的大量数据。用于学习工具的人工智能则关注学生自己如何在学习体验和环境中直接与人工智能工具和技术进行交互。以这种方式使用的人工智能是学生在学习过程和大学经历中的亲密伙伴与助手，它指导学生完成任务，帮助学生塑造行为和思维，并提供个性化学习路径，提高学习效率。在机器学习和自然语言处理等领域技术发展的推动下，我们生活中的人工智能元素正迅速成为人类体验的自然组成部分。人工智能在校园和教室里同样无处不在。学生在学校获得的人工智能体验中，许多都植根于他们日常随身携带的设备和技术。某个学生可能会就历史问题向 AI 机器人寻求帮助，或者基于社交媒体反馈与校园里的其他学生建立联系。

1.2　国内外研究现状

　　学习资源适配算法是个性化学习系统中的核心模块，对学习者采用什么样的推荐算法直接决定了自适应学习系统提供智能化、个性化服务的能力。近年来，推荐系统逐渐成为一个研究热点，并被应用于许多领域，如电影、音乐、新闻、电商、在线学习系统等。本节从学习资源适配的阶段描述、国内应用现状、经典学习资源适配算法进展、学习资源适配中深度学习技术的发展 4 个方面对国内外研究现状进行综述，分析现有工作的局限性和未来的发展趋势。

1.2.1 阶段描述

随着人工智能与大数据技术的快速发展，如何将图像识别、计算机视觉、机器学习、深度学习等技术融入学习资源适配与精准教学中是教育信息化领域非常重要的研究课题之一。学习资源适配系统是教育数据挖掘领域的重要研究方向，并且被广泛应用于各类智能学习系统。在智能学习系统中，学习者加入教学活动并利用各类学习资源，具体包括课件、多媒体和模拟场景、练习题和测验，以及生动的话题讨论等。这些学习资源由于内在关系将组成一个复杂的结构，同类学习资源之间存在知识的前序、后继、同级的层次关系，这种层次关系可能存在于不同类的学习资源之间。而即使学习资源的种类不同，也可能具有相同知识、相同来源，属于相同课程，此外，它们之间还可能存在相互引用、扩展知识的关系。

学习者通过与学习资源的交互达到认知提升的目的，但由于学习资源的种类数量繁多且结构复杂，因此有必要在智能学习系统中嵌入个性化功能，以跟踪学习者的进展，并提供适合他们需要的学习资源。在线直播教学中，需要感知学习者的认知状态、情感投入、学习兴趣等。学习资源适配系统不是为了预测或迎合学习者的潜在行为，而应该通过适配的内容辅助学习者在合适的学习进程中以合理的方式发现与其个性化需求相匹配的学习资源，从而保持学习者的积极性，并支持他们有效地完成学习活动。因此，如何准确、有效地根据在线直播教学中学习者的各个表现模块来综合判断学习认知状态是实现学习资源精准适配的关键。

1.2.2 国内应用现状

随着在线教育和各类教育系统的普及，在线教育以各种形式出现在生活中。为了构建更好、更智能的学习体验，许多个性化技术被用于在线教育，而推荐算法就是其中最为广泛应用的技术。常见的使用推荐算法的学习场景有两类，一类是大规模在线课程系统中的课程或资源推荐系统；另一类是负责教学的学习系统，也称为自适应学习系统，有时也被称为电子导师。

在大规模在线课程系统中，一般有两类系统，第一类是学校内的混合式学习辅助系统，该系统可以帮助教师完成线上、线下教育的结合。它为教师提供了在线下课堂中使用的各类工具，也为学习者在课下提供了一个在线学习环境，同时具备一定的教学管理功能。第二类是比较常见的慕课（Massive Open Online Courses，MOOC）学习系统。MOOC 将各种优质的学习资源进行汇总后提供给网络学习者。在这两类大规模在线课程系统中，推荐算法都能够为学习者提供一个个性化的智能推荐导学服务，通过分析学习者的各类学习行为为学习者推荐其可能需要的学习资源，使学习者的学习效率得到提高，增强学习者的使用黏性。在相关的研究中，针对在线课程系统的推荐算法与一般的资源推荐系统中的推荐算法并无本质上的不同，也有许多研究者结合学习的特点设计了针对在线课程系统的推荐算法。基于情景感知的学习资源推荐算法就是一类专门针对在线课程系统的推荐算法，这类算法假设学习者在不同学习环境下学习兴趣会发生改变。例如，学习者在自习室与寝室所学习的内容可能会有所不同，因此这类算法首先对学习者的学习环境进行感知，之后根据特定学习环境制定相关的资源推荐策略。基于知识图谱的学习资源推荐算法也是一类针对教学资源的推荐算法，这类算法首先将学习资源根据知识点所构成的知识图谱进行组织，之后根据组织的学习资源进行推荐，并且在构建的知识图谱上可以实现学习路径的规划与推荐。总体来说，在大规模在线课程系统中所使用的推荐算法与一般的推荐算法并没有本质的不同，因此大量研究人员也将目光聚集在构建更为先进的一般性推荐算法，并借此提高在线课程系统中推荐算法的性能。

自适应学习系统是指一类汇聚教学内容后能够为学习者提供学习服务的系统，相较于大规模在线课程系统，自适应学习系统具有更加复杂的功能，它要求系统能够为学习者提供全面的教学服务，包括学习资源组织、测试分析、知识点追踪、学习干预等。在某种程度上，自适应学习系统相当于一个在线学习导师，能够为学习者提供一切所需要的学习服务。推荐算法在自适应学习系统中往往被用于资源组织与学习干预。自适应学习系统利用推荐算法分析学习者的历史学习轨迹，利用协同思想为学习者进行学习规划和学习内容组织。在学习干预过程中，自适应学习系统往往利用推荐算法作为干预措施实现泛义资源推荐。泛义资源是指在学习过程中有可能接触到的所有资源，如教师指导、学习同伴、测试、学习资源等。当干预模块发现学习者的学习行为偏离轨道后，可以借助泛义资源推荐算法对学习者进行干预并给出建设性的意见。由于自适应学习系统的研究大多集中于理论模型的构建和功能设计上，因此很少有相关的实证研究。

1.2.3　经典学习资源适配算法进展

推荐算法是个性化学习资源适配服务技术中的核心部分，在很大程度上决定了个性化资源推荐服务技术的类型和性能的优劣。有大量的学者在推荐算法的构建上进行了研究，本节根据推荐算法的类型对国内外学者的相关工作进行综述，并简单介绍深度学习算法的发展及其在推荐算法中的应用。

主流的推荐算法的类型包括协同过滤算法、基于内容的推荐算法、基于知识的推荐算法和混合推荐算法。

（1）基于协同过滤算法的学习资源适配。协同过滤算法的主要思想是先在系统中找出与目标用户有相似历史行为的其他用户，再将这些用户感兴趣的内容推荐给目标用户。例如，Altered Vista System 是早期的教育资源推荐服务系统，通过分析系统中学习者与学习资源的交互数据，结合协同过滤算法进行资源推荐；Liu 等人提出了一种基于活动序列的在线课程推荐算法，该算法利用协同过滤思想分析学习者的活动行为序列，并结合文本挖掘技术找出资源关键字进行匹配推荐。协同过滤算法的主要优点是不需要对用户或对象的特征进行描述，可以作用于任意对象类型，如音乐、电影、新闻等，并且协同过滤算法可能会将部分冷门资源推荐给其需要的用户，为用户带来惊喜。但是该算法却严重受到"冷启动"问题的影响，即当系统中用户与对象直接的交互数据或评价数据较少时，算法性能会受到较大影响甚至失去作用。

（2）基于学习内容的学习资源适配。基于内容的推荐算法将推荐对象与用户分别进行兴趣特征建模，根据用户的兴趣特征匹配对应的推荐对象。例如，Lu 等人提出的个性化学习推荐系统，通过对学习者的学习风格、需求和背景进行特征建模，并利用该模型对学习者进行对应的资源推荐服务；Reginaldo 等人基于学习者的兴趣、偏好和资源的受欢迎程度 3 个指标构建了一个新型的推荐系统；北京师范大学的"学习元"平台从学习者的兴趣、偏好与知识模型 3 个角度对学习者进行特征建模，并对学习资源的语义描述、生成信息和学习活动等方面对学习资源进行特征建模，最终利用学习者特征模型与学习资源特征模型进行匹配推荐。在基于内容的推荐算法中，不需要用户的行为数据，并且能够根据推荐的内容特征详细描述其推荐理由，但基于内容的推荐算法的主要问题是特征提取的过程极为复杂，一般需要利用专家知识进行特征建模，如在第 4 章的文献[4-6]中，学习者与学习资源的特征模型均由专家人工标注，导致构建基于内容的推荐算法需要大量的人力资源。

（3）基于知识的学习资源适配。基于知识的推荐算法利用分析用户的各类交互数据得到对应的行为因果知识，并据此进行推荐。例如，Tang 等人提出的一种新型的在线学习智能推荐系统，能够分析学习者与系统之间的各类交互行为，并从网络上获取相关资源信息生成行为因果知识，并据此进行推荐；余平等人提出一种基于情境感知的个性化资源推荐框架，通过对学习者的学习情景进行分析来提升算法的推荐效果；吴正洋等人构建的社交网络下的学习推荐算法在社交网络环境下利用多方数据（社交数据与学习数据）构建用户本体知识库，结合协同过滤算法进行学习资源推荐；刘志勇等人提出的基于语义网的个性化学习资源推荐算法通过分析学习者的评论和浏览数据构建学习者的兴趣模型，并结合领域本体知识库进行推荐；姜强等人提出的基于用户模型的本体学习资源推荐算法通过构建学习资源本体知识库对学习资源内容进行描述，并结合用户模型进行推荐。基于知识的推荐算法的主要优点是能够有效利用额外信息，如第 4 章的文献[10-13]分别利用了学习情境数据、本体知识库、社交网络数据来提升推荐效果，在原有的算法基础上，对"冷启动"问题与数据稀疏性问题的健壮性更高，但缺点在于需要人工标注大量额外的特征信息。

（4）混合推荐算法。由于每种推荐算法都有其优点和缺点与适用范围，因此混合推荐算法采用多种推荐算法同时工作，并对其结果进行融合的方式进行推荐。混合推荐算法中最常见的是基于内容的推荐算法与协同过滤算法的组合。例如，Mohamed 等人提出的资源推荐算法是同时利用协同过滤算法与基于内容的推荐算法并将候选集进行融合来完成推荐的；杨丽娜等人在虚拟社区中的文献（第 4 章的文献[15]）推荐中，组合基于内容的推荐算法与协同过滤算法设计了研究虚拟社区中显性与隐性知识的推荐过程，既能对研究者推荐相关论文，又能发现与研究者有相同研究兴趣的研究伙伴；华中师范大学的赵呈领等人提出的适应性学习路径推荐算法综合讨论了智能优化算法、数据挖掘算法与基于知识的推荐算法在学习路径推荐中的表现，并将其进行组合得到了适应性学习路径推荐算法。混合推荐算法最主要的一个优点是能够通过组合多种推荐算法来避免或弥补各种推荐算法的缺点，以达到更好的推荐效果，但是在算法组合的过程中会产生大量的超参数，因此对参数调整会变得更为复杂。

1.2.4　学习资源适配中深度学习技术的发展

随着深度学习算法在计算机视觉、语音识别等领域取得的巨大进展，深度学习正成为机器学习、人工智能领域的一个热门研究方向。在数字学习的个性化推荐方面，基于深度学习的推荐算法已成为近些年的研究热点。

Sun 等人提出了一种基于协同过滤的抽样推荐算法（CFSR），该算法自动推荐具有缺陷数据的样本，将多准则推荐和深度学习协同过滤相结合以提高推荐性能。Nassar 等人提出了一种新的基于深度学习的多准则协同过滤模型，对低维向量的用户和项目单独学习以获得用户-用户、项目-项目的信息，在预测时使用前馈神经网络模拟用户和项目之间的相互作用。Yu 等人提出了一种基于上下文增强的深度神经协同过滤（CDNC）模型，该模型用于项目推荐，即用一种交互注意力机制来获取用户行为，并将用户评价和项目介绍的相互信息进行监督学习，利用获取的注意权值可以知道列表中历史项目的重要性。Xiong 等人提出了一种基于深度学习的混合 Web 服务推荐算法，该算法将协同过滤和文本内容相结合，可推荐相关 Web 服务。Liu 等人提出了一个混合神经网络推荐模型，该模型从评级和评论中学习用户和项目的深度关系。Wang 等人提出了一种多形式类别特征组合的前馈深度推荐神经网络，即深度联盟神经网络。根据联盟方式的不同，可将其分为深度串联网络（DSN）、深度并行网络（DPN）和深度随机网络（DRN），分别用于解决隐式反馈推荐问题。同时他们提出了一种基于深度联盟神经网络和传统多层感知器（MLP）的融合模型 SMLP，试图探索融合模型的性能。

与传统的推荐算法相比，基于深度学习的推荐算法在实际应用场景中获得了很好的效果，这得益于深度学习模型所带来的强大学习能力。

1.3　学习资源适配的挑战

长期以来，我国面临着教育资源碎片无序、用户数量多、供给规模大等一系列艰巨挑战，传统工业时代的规模化教育体系已无法满足信息社会对教育资源服务的个性化需求。针对新型教学环境下学习情境的复杂性、学习服务与资源的多样性，以及学习者需求的不断变化，如何避免学习迷航，探索新型教学环境下个性化学习智能服务技术是破解云端一体化人才培养的关键问题。

在学习资源适配过程中存在 3 个阶段，即感知、理解、适配。在学习者学习状态感知中，当前学习者的认知状态感知与量化方式多样化，在课程场景下，学习者的认知状态感知主要基于面部表情、头部姿态、语音、目光注意力等单模态或多模态的数据。**对于这些数据的采集不是很容易，也比较难进行量化的表示。**因为人是主观的，学习者人数比较多，在课堂中的时间比较长，会记录一些不完整的数据。如何采用先进的设备进行数据采集，以及如何量化地表示这些数据是我们首先要面对的问题。**对于这些多模态的数据，如何在进行合适的加权融合后能更好地反映学习者的状态也是比较困难的。这是**因为缺乏对教学课程中学习者的认知状态感知的多模态融合与过程性描述。

理解在线学习过程中学习者知识状态变化，实现对学习者的认知状态诊断是后续个性化学习规划中至关重要的一步。统一的学习路径规划、学习资源适配缺乏个性化的导学服务，难以针对不同学习者提供契合其自身的帮助。学习者的能力、学习兴趣和知识点的难易程度都会对学习者的认知状态产生影响。认知状态诊断主要是对学习者能力的诊断和学习者知识储备的诊断。对于知识储备的诊断，用知识追踪模型对学习者进行测量，判断学习者现有的知识体系和知识储备是否达到现有的教学要求，如果学习者存在知识上的欠缺，对知识点没有掌握，就要及时反馈。**如何使用合适的知识追踪模型对学习者主体进行深刻的理解，反映学习者的主体画像也是需要考虑的问题。**

如何利用海量的资源体系实现规模化情景下的精准教学是学习资源适配服务的难点。

一方面是学习资源供给侧，在学习资源供给侧中有教材、习题、视频、VR、教学案例等资源，它们都具有不同来源、不同粒度、不同类型等性质。例如，既有以 GB 为单位的视频资源，又有以 B 为单位的习题，它们还有不同的资源类型和不同的生产主体，资源的形式各式各样。另一个方面，在学习资源需求侧中，学习者的条件、参与群体、教学情景、教学方法都不相同，以及学习者所在的学段、学科、进度也不尽相同。因此，如何让资源供给侧与资源需求侧相配对，同时既要适用于不同的学习条件，又要适用于不同的教学场景，在不同的环境下适用于不同的教学方法，这让学习资源适配是非常具有挑战的。

对于资源服务的数学模型，将学习者的历史评分数据 R 分解成学习者特征矩阵 U 和学习资源的特征矩阵 V 的乘积的难点在于两方面，一方面是需要感知学习者学习主体的特征属性，另一方面是需要挖掘学习资源的特征属性。如何精确的分解 U、V 矩阵以达到一个比较好预测的分数来完成适配的难点在于如何使用合适的数学模型对整个学习资源适配进行数学的描述和刻画，以及如何精确地分解，解的存在性和唯一性的问题也需要进一步细化。我们需要引入不同的附加条件和一些边信息来约束解空间，如利用评论信息和社交信息，以及如何解决评分数据的稀疏性问题。因此，如何将这些边信息进行精确的数学表达以解决评分数据的稀疏性问题，从而提高适配的准确度，这也是比较棘手的问题。

1.4　学习系统中的学习资源适配

为了能够根据不同学习者的需求进行个性化教学，学习资源的推荐服务在学习平台中的重要性不言而喻，而各大在线学习平台中的学习资源推荐应用程度也参差不齐。本节将对国内外热门在线学习平台中的学习资源适配应用现状进行描述。图 1.1 所示为国内外热门在线学习平台。

图 1.1　国内外热门在线学习平台

1.4.1　国内应用现状

目前，我国的学习资源适配平台各式各样，发展现状也存在差距，主要有中国大学 MOOC、学堂在线、网易云课堂、哔哩哔哩等。国内主要学习资源适配系统的功能对比如表 1.2 所示。

表 1.2　国内主要学习资源适配系统的功能对比

平台名称	中国大学 MOOC	学堂在线	网易云课堂	哔哩哔哩
国家	中国	中国	中国	中国
主要教学学科	全部学科	全部学科	互联网、外语	全部学科
学习方式	视频、作业	学科视频	教学视频	视频
学习资源适配应用现状	主要以学习者的关键词搜索为主，学习资源适配应用不广泛	主要以学习者的关键词搜索为主，学习资源适配应用不广泛	带有热门视频的推送，同时考虑了学习者的搜索关键词	应用了一定的学习资源适配技术，考虑了学习者的真实需求

中国大学 MOOC 是高等教育出版社与网易公司联手发布的在线教育平台，承接了教育部国家精品开放课程的任务，向大众提供中国知名高校的 MOOC 课程。在这个平台中，每个有意愿提升自己的学生都可以免费获得更优质的高等教育。MOOC 课程有一套类似于线下课程的作业评估体系和考核方式。每门课程定期开课，整个学习过程包括多个环节，即观看视频、参与讨论、提交作业、穿插课程的提问和终极考试。每个学校的教务处对课程进行统一管理，学校创建的课程需要指定负责的教师，教师制作并发布课程，所有的负责教师都需要在高教社大学课程学习平台（https://www.icourse163.org）实名认证。制作一门新的 MOOC 课程通常需要涉及课程选题、知识点设计、课堂拍摄、录制剪辑等 9 个环节，课程发布后，教师还会参与论坛答疑解惑、批改作业等在线辅导，直至课程结束颁发学业证书。每门课程都由教师设置考核方式和毕业要求，当学生的最终成绩达到教师的评估标准时，学生可以申请电子版证书，学生达到学习要求就可以取得该证书，此时学生对课程内容的理解和掌握也达到相应大学的要求。该平台中的学习资源适配主要以学习者的搜索关键词为主，学习者的自适应适配方式尚未广泛应用。

学堂在线是清华大学于 2013 年 10 月发起并建立的 MOOC 平台，是教育部在线教育研究中心的研究交流和成果应用平台，是国家 2016 年首批双创示范基地项目，是中国高等教育学会产教融合研究分会副秘书长单位，也是联合国教科文组织（UNESCO）国际工程教育中心（ICEE）的在线教育平台。截至目前，学堂在线发布了来自北京大学、清华大学、中国科技大学、复旦大学，以及加州大学伯克利分校、斯坦福大学、麻省理工学院等国内外高校的超过 5000 门的优质课程，涵盖了 13 大学科门类。该平台中的学习资源适配主要以学习者的关键词搜索为主，未实现资源的个性化适配。

网易云课堂是网易公司倾力打造的一款在线学习平台，于 2012 年 12 月底正式上线，主要为学习者提供优质、海量的课程，课程结构十分严谨，学习者可以根据自身的学习程度自主安排学习进度。网易云课堂的宗旨是为每个想真真正正学到些实用知识、技能的学习者提供贴心的一站式学习服务。从实用性出发，网易云课堂精选各类课程，与多家权威的教育培训机构建立合作，课程数量已经超过 10000 个，课时总数超 100000 小时，涵盖 IT、金融管理、考试认证、中小学、互联网、外语学习、生活家居、兴趣爱好、职场技能、亲子教育等十余大门类，其中不乏数量可观、制作精良的独家课程。从学习者职业、生活、娱乐等多个维度考虑，为学习者打造实用的技能学习平台。该平台研制了热门视频的适配方式，也提供了按关键词进行资源检索的服务。

哔哩哔哩的英文名称为 bilibili，简称 B 站，是中国年轻人高度聚集的文化社区和视频平台，于 2009 年 6 月 26 日创建。B 站早期是一个动画、漫画、游戏相关内容创作与分享的视频网站。经过 10 年多的发展，围绕用户、创作者和内容，已经构建成了一个不断产生优质内容的生态系统。B 站已经涵盖了 7000 多个兴趣圈层的多元文化社区，拥有动画、国创、音乐、学术讲座、知识、生活、娱乐、时尚等 15 个内容分区，其中的生活、娱乐、游戏、动漫、科技是 B 站主要的内容品类，并开设直播、游戏中心、周边等业务板块。目前，B 站正成为年轻人学习的首要阵地，2019 年，学习类内容的观看用户突破 5000 万，相当于 2019 年高考人数的 5 倍，同时大批的专业科研机构、高校官方账号相继入驻。该平台已经应用了一定的个性化学习资源适配技术，实现了学习者与学习资源的匹配。

1.4.2 国外应用现状

自 21 世纪以来，国外的在线学习平台风起云涌，各个国家纷纷推出自己的在线学习平台。国外的主要在线学习平台的技术对比分析如表 1.3 所示。全球各国家知名在线学习网站的主页面如图 1.2 所示。

表 1.3 国外的主要在线学习平台的技术对比分析

平台名称	可汗学院	edX	Coursera	Future Learn	Geniebook	Schoo	FUN MOOC
国家	美国	美国	美国	英国	新加坡	日本	法国
主要教学学科	数学、物理	全部学科	互联网	全部学科	英语、数学	商业、科技	职业培训

续表

平台名称	可汗学院	edX	Coursera	Future Learn	Geniebook	Schoo	FUN MOOC
资源方式	电子书、视频	视频	视频	在线视频	直播课程	直播	MOOC 视频
学习资源适配应用现状	带有热门视频的推送，同时考虑了学习者的搜索关键词	主要以学习者的搜索关键词为主，学习资源适配应用不广泛	主要以学习者的搜索关键词为主，学习资源适配应用不广泛	带有热门视频的推送，同时考虑了学习者的搜索关键词	应用了一定的学习资源适配技术，考虑了学习者的真实需求	主要以学习者的订阅视频频道为主，附带推送相关学习内容	带有热门视频的推送，同时考虑了学习者的搜索关键词

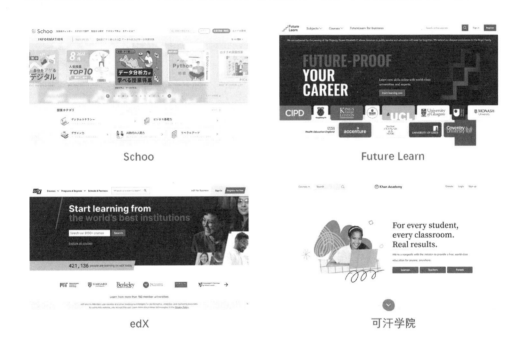

Schoo

Future Learn

edX

可汗学院

图 1.2 全球各国家知名在线学习网站的主页面

可汗学院（Khan Academy）是由孟加拉裔美国人萨尔曼·可汗创立的一家教育性的非营利组织，其主要目的是利用网络影片进行免费的网络授课，目前主要的教学学科有数学、历史、物理、化学、生物等。可汗学院通过在线图书馆已经收藏了 3500 多部可汗教师的教学视频，正向世界各地的人们提供免费的高品质教育资源。可汗学院源于萨尔曼·可汗给亲戚的孩子讲授在线视频课程，并迅速扩大且向周围蔓延，从家庭走进了学校，甚至正在实现"翻转课堂"，被认为是打开"未来教育"的曙光。该平台带有热门视频的推送，同时考虑了学习者的搜索关键词。

edX 是麻省理工学院和哈佛大学于 2012 年 5 月联合发布的一个网络在线教学平台。该计划基于麻省理工学院的 MITx 计划和哈佛大学的网络在线教学计划，主要目的是配合校内教学，提高教学质量和推广网络在线教育。除了在线教授相关课程，麻省理工学院和哈佛大学将使用此共享平台进行教学方法研究，促进现代技术在教学手段方面的应用，同时加强学生对在线课程效果的评价。对此，麻省理工学院校长苏珊·霍克菲尔德博士指出："edX 是提升校园质量的一项挑战，利用网络实现教育，将为全球数百万希望得到学习机会的人们提供崭新的教育途径"。麻省理工学院 Anant Agarwal 教授在麻省理工学院教务长拉斐尔·莱夫的领导下就任 edX 的第一任主席，项目首任主管是麻省理工学院教授阿南特·阿加瓦尔。edX 的学习资源适配主要以学习者的搜索关键词为主，对于其他的学习资源适配技术应用不足，没有考虑学习者的个性化需求。

Coursera 是大型公开在线课程项目，由美国斯坦福大学的两名计算机科学教授创办，旨在同世界顶尖大学合作，并在线提供网络公开课程。Coursera 的首批合作院校包括斯坦福大学、密歇根大学、普林斯顿大学、宾夕法尼亚大学等美国高校。Coursera 的课程报名学生突破了 150 万，来自全球 190 多个国家和地区，而网站注册学生为 68 万，注册了 124 门课程。新增的合作院校包括佐治亚理工学院、杜克大学、华盛顿大学、加州理工学院、莱斯大学、爱丁堡大学、多伦多大学、洛桑联邦理工学院（瑞士）、约翰·霍普金斯大学公共卫生学院、加州大学旧金山分校、伊利诺伊大学厄巴纳香槟分校和弗吉尼亚大学。Coursera 的学习资源适配技术应用情况一般，对于学习者的个性化需求考虑不周，主要根据学习者提供的关键词的检索结果排序为主。

Future Learn 是英国的第一个 MOOC 平台，由具有将近 50 年远程教育经验的英国公开大学于 2013 年创立。英国公开大学是目前世界上发展最成熟的在线大学，也是英国本土和欧洲最大的学术单位。Future Learn 于 2013 年 9 月在线上推出第一门课程，至今已经累积了将近 800 万的用户群体。Future Learn 提供了很多不同领域的课程，包括工程数理、自然环境、社会人文、商务管理、艺术传媒、心理健康、语言文化、学习技巧、技术编程等 480 门不同的课程，课程周期为 2～10 周。这些课程主要围绕其领域的某一个具体主题进行展开。英国的 MOOC 发展缓慢，在 Future Learn 推出之前，仅有爱丁堡大学和伦敦大学与 Coursera 合作开课。Future Learn 的执行长 Simon Nelson 曾在 BBC 任职，他期望运用过往的媒体经验将 Future Learn 打造成与社群网站 Facebook 一样热门且独占鳌头的 MOOC 平台。Future Learn 主要带有热门视频的推送机制，实现资源的热门推送，同时考虑了学习者的搜索关键词。

Geniebook 成立于 2017 年，是一家总部位于新加坡的教育科技公司，为小学和中学的学生提供一套由人工智能驱动的在线学习套件，旨在提高学生的学习速度。目前，Geniebook 是新加坡最大的提供英语、数学和科学（EMS）课程的在线学习平台，业务覆盖新加坡、越南和马来西亚等市场。该平台主要以 GenieSmart、GenieClass 和 GenieAsk 三大核心功能为主，以智能问题库、直播课程、学生社群等方式切入。Geniebook 的营销策略主要依赖产品本身的口碑和家长之间的互相推荐，其中越南市场的家长推荐率达 20%。其他的营销策略还包括在 Facebook、Instagram、Youtube、Google 等社交平台进行数字营销；在新加坡的书店，如 POPULAR（类似于国内的新华书店），进行线下销售；与新亚出版社（Singapore Asia Publisher）和新加坡教育出版社（Education Publishing House）等出版社平台合作宣传。印度教育科技独角兽 BYJU's 和中国的教育培训机构猿辅导都是 Geniebook 的学习对象。在"双减"政策之前，Geniebook 更多地向中国教育科技公司学习，如学生社群 GenieAsk。相比于建立家长沟通群，学生社群的学习效果会更好。同时，Geniebook 强调人工智能和机器算法。GenieSmart 的专有 AI 算法由 Geniebook 与新加坡科技研究局 A*STAR 合作开发，该 AI 算法可识别学生擅长的科目，找出他们认为具有挑战性的主题，从而生成个性化的学习计划。Geniebook 应用了一定的学习资源适配技术，将合适的学习资源推送给学习者，考虑了学习者的真实需求。

Schoo 是日本目前成长最快并已经有稳定商业模式与收入来源的在线教育网站。Schoo 不以升学或公职考试为主题，而以传授经营创业、商业技巧、科技与 IT 业界趋势等为主题，是上班族群体的一个在线教学网站。目前，该网站已经有高达 300 人的讲师群，都是各领域的知名人士为网站量身定制的，并录制每一堂课的线上影片，其时长大多在 1 小时左右。自 2014 年 2 月开设以来，在平日的 19 时 30 分到 22 时 30 分的在线直播教学时间都会引来平均 1000 人次，最大至 4000 人次的付费学习者观看，目前已经加入的会员约 60000 人，可以说是相当活跃的。其次，Schoo 的教学内容的 80% 是以直播形式发布的，如此强调网络在线直播而不是预先录制的是因为社长森健志郎认为，未来高品质的网络服务应当具有即时性，网站内容的品质来自 3 个层面，第 1 个层面包含讲师阵容、课程内容的品质，对于这个层面，网站可以事先规划，让品质达到最好，但在第 2 个与第 3 个层面，讲师与学习者之间的沟通和学习者之间的沟通就必须要以现场即时放送的方式才能保证观看的兴趣。道理其实很简单，如果是预先录制的，那么其实与 YouTube 没有太大的差异，除了少部分的广告收入，根本无法构成商业模式。一般而言，在 1 小时的课程中，前 30 分钟专注于课程教学，而后 30 分钟则提供讲师与学习者之间和学习者之间的讨论时间，这种课程设计对经营创业、商业技巧、科技与 IT 业界趋势等 3 个主题相当有效，这种双向性的沟通也成了该网站最大的附加值来源。Schoo 主要以学习者的订阅频道为主，附带推送相关学习内容，个性化学习资源适配的实现还有上升空间。

法国数字大学（France Université Numérique，简称 FUN）MOOC 项目是法国国家 MOOC 平台，为了更好地推广开放式在线课程，法国政府投资 2000 万欧元用于高校和科研机构升级设备、开发技术、创建 MOOC。该平台致力于向法国公众提供优质课程，并与国际院校合作提供混合式教学服务。该平台已经与百余所法国和全球多所著名高等院校建立合作关系，已上线的优质 MOOC 有 300 余门。该平台整合了各大学及科研机构的相关资源，面向高中生、大学生、在职人员、求职者提供在线课程服务，其最终目的是普及高等教育、提高大学毕业率、支持继续教育和职业培训。该平台支持开发培训课程，充分利用数字化杠杆并最大限度利用数字化杠杆，鼓励将数字技术用于学生旅程及高等教育和研究专业的核心，提供共享资源和服务来支持企业的数字计划，以期提高法国提供的培训和数字资源的知名度。FUN MOOC 平台提供了丰富的课程目录，主要由法国大学和学校的教授与其国际学术合作伙伴设计的课程组成。同时，现有的课程目录不断丰富，以提供满足所有受众需求的各种培训课程。目前，该平台提供了 540 多种课程，这些课程免费提供给互联网学习者。该平台的学习资源适配考虑的主要是资源的热度、关键词的搜索量，但将学习资源推送给全部学习者时没有考虑不同学习者的个性化需求。

1.5 本书内容与结构安排

全书共分 3 部分 9 个章节，全书总体结构如图 1.3 所示，各个章节的内容组织如下。

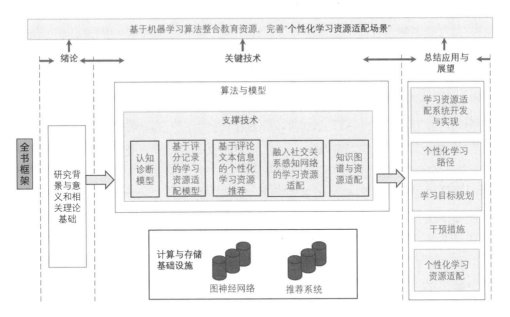

图 1.3　全书总体结构

第 1 章为研究背景与意义。本章主要介绍本书的具体研究背景与现实意义，对相关概念进行了界定，回顾了关于推荐系统、学习资源适配和个性化学习的研究现状，以及所面临的主要挑战，并介绍了本书的主要研究内容及其结构安排。

第 2 章为相关理论基础。本章首先介绍了学习资源适配的相关概念，然后回顾了学习资源适配实现所需的概率、矩阵分解等数学基础知识，再介绍了个性化学习、项目反应理论等教育学原理，最后整理了学习资源适配系统中常见的评价指标。这些基本知识为学习资源适配系统的设计与实现提供了理论指导和相关技术支撑，有助于初学者了解学习资源适配领域所需要的数学基础和知识准备。

第 3 章为认知诊断模型。本章首先对认知诊断模型，即知识追踪模型的任务、数据集和传统的模型进行定义；其次基于传统的知识追踪模型提出了两种创新的模型来帮助学习者提高学习资源的预测准确性。第 1 种是引入流行模型的知识追踪模型。该模型分别引入深度学习的知识追踪、图神经网络的知识追踪和 Transformer 架构的知识追踪，并阐述它们的设计原理和性能。第 2 种是融入学习过程因素的知识追踪模型。该模型主要涉及两方面，一方面是考虑学习者能力因素的知识追踪，通过深度学习的方式将学习者进行动态分类，先分别对学习者的能力进行匹配训练，再进行模型参数训练，从而提高训练效果；另一方面是考虑将题目文本信息及其知识点融入知识追踪的模型，利用各知识点的基础概念之间的关系得到各学习者对其的掌握程度，同时对学习者掌握知识点的情况进行动态追踪，从而提高预测的精确度。最后本章对认知诊断模型的研究趋势和展望进行了总结，便于读者深入了解该领域。

第 4 章为基于评分记录的学习资源适配。本章首先介绍了深度学习算法结合个性化推荐算法的特点，以及如何构建高效的学习资源推荐算法来有效地提高推荐准确率，并使学习者在进行在线学习时获得更加个性化、智能化的学习体验。然后在此基础上分别提出两种基于评分的推荐模型来实现上述目标。第 1 种模型是基于卷积神经网络的内容推荐模型，使用卷积神经网络模型，根据学习资源的文本信息估计其隐含因子特征，并完成推荐。为了训练卷积神经网络模型，使用话题模型作为其输入并提出使用 L_1 范数稀疏先验的隐含因子模型作为输出，为了求解稀疏先验约束的隐含因子模型，引入分裂 Bregman 迭代法作为优化方法。实验结果证明，该模型能够在一定程度上解决新对象与冷门对象的推荐问题，并有较高的推荐准确率，引入的分裂 Bregman 迭代法可以极大地提高模型训练效率。第 2 种模型是一种新颖的基于隐含嵌入的深度矩阵分解推荐模型，该模型利用深度神经网络将学习者和学习资源的各类输入信息进行特征提取，在此基础上通过构建特征转移函数生成学习者和学习资源的隐含因子，最终通过训练实现内容推荐。该模型借助特征转移函数可以融合各类信息来提高模型的扩展性，并且能够有效缓解数据不平衡对算法的影响。其次针对深度学习推荐算法普遍的算法效率低、可用性不足的问题构建了隐含反馈嵌入算法，将原本高维稀疏的隐含反馈数据进行嵌入学习，并将其表示为一个低维实值向量，从而极大地降低了模型的参数规模，提高了模型的效率。最后本章对基于评分的推荐系统的研究趋势进行总结。

第 5 章为基于评论信息的个性化学习资源推荐。本章首先介绍了利用深度学习技术对学习者的反馈信息进行建模，构建高效的资源推荐算法能够有效提高推荐结果的准确率，使学习者在学习过程中可以获得更加个性化的学习体验。其次通过提出的两种模型来解决在线环境下学习者的选择困境。一种是基于评论表示学习和历史评分行为的置信度感知的推荐模型，该模型利用评论信息的交互性构建了学习者和学习资源的交互潜在因子。通过置信度矩阵构建评分离群值和误导性评论之间的关系，进一步提高模型的准确性，减少误导性评论对模型的影响。同时，通过最大后验估计理论来构建损失函数。通过引入小批量梯度下降算法来优化模型的损失函数。实验结果表明，该模型在若干公共数据集上实现了最优的性能；另一种是基于评论特征表示学习的高效深度矩阵分解模型。首先，学习者与评论中的交互性被利用，评论的这种交互性也可以认为是一种学习者的评分行为。其次，评论只包含学习者对学习资源偏好的部分描述信息，这种特性被称为评论的稀疏性。然后，考虑到评论信息具有稀疏特性，即第 2 个特性，采用 L_0 范数来约束评论。通过最大后验估计理论来构建损失函数。最后，为了优化损失函数，引入了交替最小值最优算法，同时对基于评论的推荐系统的研究趋势进行了总结。

第 6 章为融入社交关系感知网络的学习资源适配。本章首先基于图卷积神经网络的表示学习方法，旨在针对传统推荐系统中的数据稀疏性问题和可解释性问题上对学习者的多视角偏好和复杂社交关系进行建模，并提供不同的解决方案来构建两种社交推荐模型。第 1 种是基于学习者多视角的社交推荐模型。为了增强推荐系统的可解释性问题，该模型将学习者偏好分为显式偏好和隐式偏好，并利用项目的属性信息对显式偏好进行划分，隐式偏好则用来表征那些学习者在未知视角下的偏好情况。为了将不同视角下的学习者偏好进行融合，引入注意力单元来对学习者偏好进行预测。实验结果证明，该模型与最先进的社交推荐模型相比，在 Yelp 和 Ciao 等公开数据集上的性能均得到了提高。进一步的消融实验展现了设置显式偏好的有效性和合理性。第 2 种是融合图卷积的复杂社交关系推荐模型。考虑在实际生活场景中学习者社交圈的差异性，即在不同情境下对不同朋友的信任度不同，该算法将学习者的社交关系视为多视角，即在不同视角下学习者之间的信任度是不同的，从而对社交网络边的权值进行差异化设置。为了使社交影响在不同视角下进行更加合理的传播，在不同视角下对学习者特征进行构建，重新定义不同视角的社交连接关系。基于多视角的学习者偏好模型对用户偏好进行预测，实验结果证明，该模型与最流行的学习资源适配方法相比，在 Yelp 和 Ciao 等公开数据集上的性能均得到了提高。稀疏度的分组实验证明，该模型在稀疏用户上有更强的建模能力，推荐准确性更高。进一步的案例分析和社交信任度设置实验证明了利用统计方法设置多视角权重的合理性和有效性。最后本章对基于社交关系的学习资源适配的研究趋势进行了展望。

第 7 章为知识图谱与学习资源适配。本章首先对知识图谱和学习资源适配的结合进行概要介绍，便于读者层次化阅读。然后根据传统的学习资源适配模型，提出将知识图谱嵌入推荐系统的模型，以提高学习资源适配的精准度，满足学习者的动态学习需求。本章提出的模型分别是基于多尺度动态卷积的知识图谱嵌入模型、基于异质图神经网络的少样本知识图谱推理模型和基于异质图神经网络的知识图谱交互学习推理模型。基于多尺度动态卷积的知识图谱嵌入模型主要是通过使用卷积神经网络实现知识图谱复杂关系推理的模型。首先根据学习者本身具有的多维关系和大量特征，使整个神经网络能够动态获取实体在特定关系下的特定特征，再用于知识图谱的推理。基于异质图神经网络的少样本知识图谱推理模型由于知识图谱是由实体-关系的三元组组成的，因此其中大量关系包含的语义匹配容易混淆，为解决一词多义等关系的冲突，通过异质图神经网络来增强知识图谱的推理能力，同时将其应用于学习资源适配模型以提高模型的推荐能力。基于异质图神经网络的知识图谱交互学习推理模型基于传统神经网络无法直接用于知识图谱的运用，为解决部分实体与之关联的关系较为稀疏的问题，提出重构神经网络并将其应用于知识图谱，通过少样本的实体和关系来显著提高知识图谱的推理能力。最后本章也针对知识图谱与学习资源适配领域和当前所遇到的问题进行了总结，并提出了相应的解决思路。

第 8 章为学习资源适配系统开发与实现。本章首先对国家教育资源公共服务平台进行了简要概述，描述其具体功能、适用人群和使用价值，然后分别对不同学习者在平台的个性化学习资源适配和学习活动的使用进行详细介绍，最后针对不同学习者使用平台对教学资源进行学习的活动进行阐述和分类。

第 9 章为总结、展望与应用。本章首先对本书的研究工作进行系统的总结，其次对学习资源适配和个性化学习领域的进一步研究进行了展望，最后阐述了学习资源适配领域的相关应用。

参考文献

[1] 余平，管珏琪，徐显龙，等. 情境信息及其在智慧学习资源推荐中的应用研究[J]. 电化教育研究，2016, 37(2): 54-61.

[2] 吴正洋，汤庸，黄昌勤，等. 社交网络下学习推荐研究与实践[J]. 中国电化教育，2016(3): 75-81.

[3] 李保强，吴笛. 基于知识关联的学习资源混合协同过滤推荐研究[J]. 电化教育研究，2016, 37(6): 77-83.

[4]　沈筱譞. 在线学习系统中的深度学习推荐算法研究[D]. 武汉: 华中师范大学, 2017.

[5]　吴笛, 李保强. 基于情境感知的学习资源关联分析与推荐模型研究[J]. 中国远程教育, 2017(2): 59-65.

[6]　LI H, WANG L, DU X, et al. Research on the strategy of E-Learning resources recommendation based on learning context[C]. International Conference of Educational Innovation through Technology, 2017.

[7]　杨丽娜, 魏永红. 情境化的泛在学习资源智能推荐研究[J]. 电化教育研究, 2014, 10: 103-109.

[8]　杨晋吉, 胡波, 王欣明, 等. 一种知识图谱的排序学习个性化推荐算法[J]. 小型微型计算机系统, 2018, 39(11): 2419-2423.

[9]　王冬青, 殷红岩. 基于知识图谱的个性化习题推荐系统设计研究[J]. 中国教育信息化, 2019(17): 22.

[10]　吴强强, 陈昊鹏, 赵子濠, 等. 基于 MOOC 平台数据和知识图谱的学习路径推荐: 以软件工程专业为例[J]. 工业和信息化教育, 2017(11): 33-38.

[11]　赵蔚, 姜强, 王朋娇, 等. 本体驱动的 e-Learning 知识资源个性化推荐研究[J]. 中国电化教育, 2015, 5.

[12]　张治, 刘小龙, 余明华, 等. 研究型课程自适应学习系统: 理念, 策略与实践[J]. 中国电化教育, 2018(4): 119-130.

[13]　姜强, 赵蔚, 李松, 等. 个性化自适应学习研究: 大数据时代数字化学习的新常态[J]. 中国电化教育, 2016(2016 年 02): 24-32.

[14]　吴南中. 自适应学习模型的构建及其实现策略[J]. 现代教育技术, 2017, 27(9): 12-18.

[15]　李春生, 张永东, 刘澎, 等. 自适应学习系统中"KCP 学习者模型"研究[J]. 计算机技术与发展, 2018, 28(5): 73-76.

[16]　方海光, 罗金萍, 陈俊达, 等. 基于教育大数据的量化自我 MOOC 自适应学习系统研究[J]. 电化教育研究, 2016, 37(11): 38-42.

[17]　王小根, 邓烈君, 王露露, 等. 基于知识元的移动学习资源组织模式研究[J]. 电化教育研究, 2017, 38(1): 86-93.

[18]　韦庆昌, 王小根. 智慧时代下在线学习资源组织模式研究[J]. 软件导刊, 2019, 18(4): 202-205.

[19] 丁国柱,余胜泉,潘升. 学习资源的语义众包标注系统设计[J]. 中国电化教育, 2016(9): 91-95.

[20] FROISSARD J C, RICHARDS D, ATIF A, et al. An enhanced learning analytics plugin for Moodle: student engagement and personalised intervention[C]. ASCILITE2015, 2015.

[21] ŞAHIN M, YURDUGÜL H. An intervention engine design and development based on learning analytics: the intelligent intervention system (In 2 S)[J]. Smart Learning Environments, 2019, 6(1): 18.

[22] 杨雪,姜强,赵蔚,等. 大数据时代基于学习分析的在线学习拖延诊断与干预研究[J]. 电化教育研究,2017, 38(7): 51-57.

[23] 赵慧琼,姜强,赵蔚,等. 基于大数据学习分析的在线学习绩效预警因素及干预对策的实证研究[J]. 电化教育研究,2017, 38(01): 62-69.

[24] 蔡慧英,顾小清. 协作问题解决学习中干预有效性的影响因素研究[J]. 电化教育研究,2017, 38(6): 103-110.

第 2 章 相关理论基础

2.1 概念界定

学习资源适配。学习资源是指在教学系统和学习系统所创建的学习环境中，学习者在学习过程中可以利用的一切显现的或潜隐的条件和可用于学习的一切资源，如教学材料、支持系统、学习环境，甚至可以包括能帮助个人有效学习和操作的任何因素。学习资源适配是指学习者如何在海量的数字教育资源中迅速、高效地获取自身所需的教育资源，因此适配推送技术应运而生。学习资源适配的过程可以概述为感知、理解、适配 3 个阶段。

感知。当前学习者的认知状态感知与量化方式多样，在课堂教学场景下，学习者的认知状态感知主要基于面部表情、头部姿态、语音、目光注意力等单模态或双模态的数据。通过将计算机视觉等多模态的数据与在线直播课程深度融合，实现对在线直播课程场景下学习者状态特征的量化计算和认知状态的动态感知，对学习者的认知状态进行充分的挖掘与分析，构建面向在线直播课程场景下学习者认知状态的全方位量化与感知模型。

理解。在线学习过程中，学习者知识状态的变化，实现对学习者认知状态的诊断是后续个性化学习规划中至关重要的一步。统一的学习路径规划、学习资源适配缺乏个性化的导学服务，难以针对不同的学习者提供契合其自身的帮助。学习者的能力、学习兴趣和知识点的难易程度都会对学习者的认知状态产生影响，认知状态诊断主要是对学习者能力的诊断和学习者知识储备的诊断。

适配。在学习场景下，如何对学习者当前的学习状态、学习情况等特征进行分析，根据学习者认知状态与资源知识图谱选择最符合当前学习状况的学习资源来进行推荐是当前要研究的核心问题。

为了解决之前推荐存在的问题（稀疏性、推荐精度），引入一些辅助信息，如评分、评论、社交、知识图谱等作为约束条件来提升推荐效果。

在学习资源适配服务中，学习者和学习资源数量的爆炸式增长提高了学习者对学习资源评分数据的稀疏性。这种稀疏性会降低传统协同过滤技术的评级预测精度。为了提高准确性，提出了几种推荐技术，不仅考虑了评分信息，还考虑了辅助信息，如通过学习者评论数据、社交网络和学习资源知识图谱等来弥补评分数据的不足，提升推荐效果。

评分。评分是指学习者对于学习者的评分，评分越高代表学习者对相关学习资源越喜爱，评分越低代表学习者对相关学习资源越反感。

评论信息。评论信息是指学习者在网络上的相关言论，如对此类学习资源的评价，或者学习者之间的交流，用这些信息也能反映学习者的某些偏好。

社交网络。社交网络中包含了学习者之间的好友信息和信任信息，由于学习者与他的朋友之间可能有相似的偏好，在决策中可能会受到朋友的影响，所以学习者之间的社交关系也可以用来提升推荐效果。

知识图谱。对于学习资源冗余、数据爆炸，学习资源可以用知识图谱进行表示，进行知识图谱推理研究首先需要对知识图谱进行表示。当前，基于知识分布式表示的方法成为主流，主要思路在于设计模型与算法，将实体和关系投影至低维连续向量空间，学习实体或关系的分布式语义表示。基于分布式的表示方法具有计算效率高、能缓解数据稀疏性、便于实现多源异质信息融合等优点，在知识图谱推理上被广泛使用。研究者提出了一系列模型，可以粗略地分为基于平移距离（Translation Distance）的推理模型、基于语义匹配（Semantic Matching）的推理模型和基于深度学习（Deep Learning）的推理模型。在此简要介绍知识图谱推理中的常用符号表示。知识图谱通常以实体、关系、知识三元组进行组织，可表示为

$$G = (E, R, T) \tag{2.1}$$

其中，E 为全部实体的集合，而 $|E|$ 表示实体的总个数；R 为全部关系的集合，而 $|R|$ 表示关系的总个数；$T \subseteq E \times R \times E$，即知识图谱中所有三元组的集合；单个的三元组用 (h, r, t) 表示，下文中用小写的字母 h、r、t 分别表示头实体、关系、尾实体，而粗体小写的字母表示学习向量（嵌入向量），如 $\boldsymbol{h}$、$\boldsymbol{r}$、$\boldsymbol{t}$ 分别表示头实体嵌入向量、关系嵌入向量、尾实体嵌入向量。

2.2　学习资源适配的数学基础

2.2.1　概率知识

1．条件概率公式

设 A 和 B 是两个事件，且 $P(B) > 0$，则在事件 B 发生的条件下事件 A 发生的条件概率（Conditional Probability）为

$$P(A \mid B) = \frac{P(AB)}{P(B)} \tag{2.2}$$

当说到条件概率这一概念时，事件 A 和事件 B 都是在同一实验下的不同结果的集合，事件 A 和事件 B 一般是有交集的，若没有交集，则条件概率为 0。

2．乘法公式

由条件概率公式得

$$P(AB) = P(A \mid B) P(B) = P(B \mid A) P(A) \tag{2.3}$$

乘法公式的推广：对于任意正整数 $n \geq 2$，当 $P(A_n \mid A_1 A_2 \cdots A_{n-1}) > 0$ 时，有

$$P(A_1 A_2 \cdots A_{n-1} A_n) = P(A_1) P(A_2 \mid A_1) P(A_3 \mid A_1 A_2) \cdots P(A_n \mid A_1 A_2 \cdots A_{n-1}) \tag{2.4}$$

3．全概率公式

如果事件组 $B_1, B_2, \cdots, B_n$ 满足：

（1） $B_1, B_2, \cdots, B_n$ 两两互斥，即 $B_i \cap B_j = \varnothing$，其中 $i \neq j$，$i, j = 1, 2, \cdots, n$ 且 $P(B_i) > 0$，$i = 1, 2, \cdots, n$。

（2）若 $B_1 \cup B_2 \cup \cdots \cup B_n = \varOmega$，则称事件组 $B_1, B_2, \cdots, B_n$ 是样本空间 $\varOmega$ 的一个划分。设 $B_1, B_2, \cdots, B_n$ 是样本空间 $\varOmega$ 的一个划分，A 为任一事件，则

$$P(A) = \sum_{i=1}^{n} P(B_i) P(A \mid B_i) \tag{2.5}$$

4．贝叶斯公式

与全概率公式解决的问题相反，贝叶斯公式（Bayes Formula）是建立在条件概率的基础上寻找事件发生的原因的，即在事件 A 已经发生的条件下，划分中的事件 B_i 的概率。设 $B_1, B_2, \cdots, B_n$ 是样本空间 $\varOmega$ 的一个划分，则对任一事件 A（$P(A) > 0$）有

$$P(B_i \mid A) = \frac{P(B_j)P(A \mid B_j)}{\sum\limits_{j=1}^{n} P(B_j)P(A \mid B_j)} \tag{2.6}$$

其中，B_i 常被视为导致实验结果 A 发生的原因；$P(B_j)$ 表示各种原因发生的可能性大小，称为先验概率；$P(B_i \mid A)$（$i=1,2,\cdots,n$）则反映实验产生了结果 A 后对各种原因概率的新认识，称为后验概率。

2.2.2　矩阵分解

1. 矩阵分解的基础知识

基于评分矩阵找到学习者兴趣和学习资源的隐向量表达，并将评分矩阵分解为 $\boldsymbol{P}$ 和 $\boldsymbol{Q}$ 两个矩阵乘积的形式，可以基于学习者兴趣和学习资源的两个矩阵来预测某个学习者对某个学习资源的评分，最后基于此评分进行推荐。

矩阵分解（MF）解决的主要问题有两点，这两点也是协同过滤的主要缺点。第一点是协同过滤处理稀疏矩阵的能力较弱，共现矩阵稀疏，泛化能力弱。第二点是协同过滤中的相似度矩阵维护难度大，维度过高。矩阵分解的解决思路是将一个矩阵分解为两个矩阵相乘（$\boldsymbol{R}_{m \times n} = \boldsymbol{P}_{m \times k} \times \boldsymbol{Q}_{k \times n}$），这样就可以解决这两点问题。在实际应用中，矩阵是稀疏的，隐向量特征是不可解释的，需要模型自己去学习。最后通过学习者矩阵和学习资源矩阵可以预测评分计算公式：

$$\text{Preference}(u,i) = r_{u,i} = \boldsymbol{p}_u^{\mathrm{T}} \boldsymbol{q}_i = \sum_{f=1}^{F} p_{u,k} q_{k,i} \tag{2.7}$$

其中，$\boldsymbol{p}_u$ 是学习者 u 在学习者矩阵 $\boldsymbol{U}$ 中对应的行向量；$\boldsymbol{q}_i$ 是学习资源 i 在学习资源矩阵 $\boldsymbol{V}$ 中对应的列向量；$p_{u,k}$ 和 $q_{k,i}$ 是模型的参数，$p_{u,k}$ 度量的是学习者兴趣和第 k 个隐类的关系，而 $q_{k,i}$ 度量的是第 k 个隐类和学习资源 i 之间的关系。

2. 矩阵分解的几种方式

（1）奇异值分解。

奇异值分解（SVD）是矩阵分解中的一种，对于学习者 u 的隐向量表示 $\boldsymbol{p}_u$（学习者的兴趣表达向量）和学习资源的隐向量表示 $\boldsymbol{q}_i$（学习资源的特征表达向量），得到学习者 u 对学习资源 i 的评分：

$$\hat{r}_{u,i} = \boldsymbol{p}_u^{\mathrm{T}} \boldsymbol{q}_i \tag{2.8}$$

定义损失函数为

$$\text{Loss} = \min_{q,p} \sum_{(u,i)\in K} \left(r_{u,i} - \boldsymbol{p}_u^{\mathrm{T}} \boldsymbol{q}_i \right)^2 + \lambda \left(\left\| \boldsymbol{q}_i \right\|^2 + \left\| \boldsymbol{p}_u \right\|^2 \right) \tag{2.9}$$

其中，$r_{u,i}$ 表示真实评分数据。

（2）隐含因子模型。

隐含因子模型（LFM）把求解上面两个矩阵的参数问题转换为一个最优化问题，可以通过最小化训练集中观察的损失值来构建学习者矩阵和学习资源矩阵。如果有了学习者矩阵和学习资源矩阵，那么计算学习者 u 对学习资源 i 的评分只需计算真实 $r_{u,i}$，先随机初始化学习者矩阵 $\boldsymbol{U}$ 和学习资源矩阵 $\boldsymbol{V}$，再计算预测评分 $\hat{r}_{u,i}$，得到的真实值与预测值之间的误差为

$$e_{u,i} = r_{u,i} - \hat{r}_{u,i} \tag{2.10}$$

然后计算误差平方和：

$$\text{SSE} = \sum_{u,i} e_{u,i}^2 = \sum_{u,i} \left(r_{u,i} - \sum_{k=1}^{K} \boldsymbol{p}_u^{\mathrm{T}} \boldsymbol{q}_i \right)^2 \tag{2.11}$$

训练目标是把 SSE 降到最小，这样两个矩阵的参数就可以算出来了。因此就把这个问题转换为了最优化的问题。

首先求 SSE 在 $p_{u,k}$ 的梯度：

$$\frac{\partial}{\partial p_{u,k}} \text{SSE} = \frac{\partial}{\partial p_{u,k}} \left(e_{u,i}^2 \right) = 2e_{ui} \frac{\partial}{\partial p_{u,k}} e_{u,i} = 2e_{u,i} \frac{\partial}{\partial p_{u,k}} \left(r_{u,i} - \sum_{k=1}^{K} p_{u,k} q_{k,i} \right) = -2e_{u,i} q_{k,i}$$

$$\tag{2.12}$$

然后求 SSE 在 $q_{k,i}$ 处的梯度：

$$\frac{\partial}{\partial q_{k,i}} \text{SSE} = \frac{\partial}{\partial q_{k,i}} \left(e_{u,i}^2 \right) = 2e_{u,i} \frac{\partial}{\partial q_{k,i}} e_{u,i} = 2e_{u,i} \frac{\partial}{\partial q_{k,i}} \left(r_{u,i} - \sum_{k=1}^{K} p_{u,k} q_{k,i} \right) = -2e_{u,i} p_{u,k}$$

$$\tag{2.13}$$

使用梯度下降法更新模型梯度：

$$p_{u,k} = p_{u,k} - \eta \left(-e_{u,i} q_{k,i} \right) = p_{u,k} + \eta e_{u,i} q_{k,i} \tag{2.14}$$

$$q_{k,i} = q_{k,i} - \eta \left(-e_{u,i} p_{u,k} \right) = q_{k,i} + \eta e_{u,i} p_{u,k} \tag{2.15}$$

其中，η 表示学习率，用于控制梯度下降的步长。LFM 模型存在的问题是，当两个矩阵很大时，往往容易陷入过拟合的困境，这时需要在目标函数 SSE 上加上正则化的损失，这就变成了正则化奇异值分解模型。

（3）正则化奇异值分解模型。

对目标函数来说，在目标函数中加入正则化参数（加入惩罚项），Q 矩阵和 P 矩阵中的所有值都是变量，这些变量在不知道哪个变量会带来过拟合的情况下对所有的变量都进行惩罚：

$$\text{SSE} = \frac{1}{2}\sum_{u,i}e_{u,i}^2 + \frac{1}{2}\lambda\sum_u|\boldsymbol{p}_u|^2 + \frac{1}{2}\lambda\sum_i|\boldsymbol{q}_i|^2$$

$$= \frac{1}{2}\sum_{u,i}e_{u,i}^2 + \frac{1}{2}\lambda\sum_u\sum_{k=0}^K p_{u,k}^2 + \frac{1}{2}\lambda\sum_i\sum_{k=0}^K q_{k,i}^2 \tag{2.16}$$

此时，将目标函数对参数的导数与 LFM 相比较，前面部分没变，加入了后面的梯度部分，具体表示形式如下：

$$\frac{\partial}{\partial p_{u,k}}\text{SSE} = -e_{u,i}q_{k,i} + \lambda p_{u,k} \tag{2.17}$$

$$\frac{\partial}{\partial q_{k,i}}\text{SSE} = -e_{u,i}p_{u,k} + \lambda q_{k,i} \tag{2.18}$$

正则化后，梯度的更新公式如下：

$$p_{u,k} = p_{u,k} + \eta\left(e_{u,i}q_{k,i} - \lambda p_{u,k}\right) \tag{2.19}$$

$$q_{k,i} = q_{k,i} + \eta\left(e_{u,i}q_{k,i} - \lambda q_{k,i}\right) \tag{2.20}$$

其中，λ 表示正则化参数，通过上面隐向量的表示方式就可以将学习者和学习资源联系在一起。

2.3　学习资源适配中的教育学理论

学习资源适配领域主要关联了 3 个方面的教育学理论：个性化学习理论、项目反应理论、建构主义学习理论。

个性化学习理论。个性化学习理论是通过对特定学习者的全方位评价发现和解决该学习者所存在的学习问题的，为其量身定制不同于别人的学习策略和学习方法，帮助其进行有效的学习。

在信息技术的持续导入下，我们正从 1.0 的传统教育迈向 2.0 的信息化教育，这一阶段，学习的时间和空间界限被彻底打破，学习环境、学习方式和学习内容都发生了变化，使学习者在学什么和如何学方面有了更多的选择。

一方面，传统的教室教学环境逐渐向数字化、智能化的"未来教室"发展。

利用交互式电子白板、便携式平板等智能设备，在教室中实现了更加网络化的交互式学习，教师、学生和各种教学终端之间能无缝交互，教学过程中的数据被完整记录。另一方面，以 MOOC 为代表的在线学习平台成为互联网时代的重要方式，学生的学习方式更加移动化和泛在化。增强现实技术、游戏和仿真技术等使学生的学习拓展到更多的真实情境中。未来的学习环境是物理学习空间和网络学习空间的融合，物理学习空间整合集成了数字化教室、各种终端设备和教学器具等，网络学习空间整合集成了各种网络教/学/研资源、虚拟学习社区、协作学习平台等，能够为学生提供整体性、虚实融合的信息化学习环境与资源体系。在个性化学习环境中，学习内容将进一步被定制化。学习资源可不再由教师进行提供，学生不需要按照统一标准化的内容来学习，每个学生可以根据自身的需求制定学习计划，自主选择学习的内容和方式。

　　未来的个性化学习以满足每个学习者的个性化发展需求为目标，具体体现在精准化服务、个性化学和差异化教。在大数据技术的支撑下，持续性的对学习者相关数据的收集和分析使实现真正意义上的个性化学习成为可能。

　　精准化服务。大数据技术可进一步推动人工智能在教学、管理等方面的应用，可帮助教育管理者全面审视教学需求，评估新技术或新教学实践的效果，以制定科学决策，精准配置教学资源，为教学提供更好的服务支持，使教育系统的运行效率、决策水平、服务能力大幅提高。

　　个性化学。当前虽然已经有很多的自主学习平台和应用，特别是语言类学习和大规模开放在线课程等，但往往由于学习内容、深度、进度和学生知识能力、学习风格等方面存在差异，所以个性化学习活动难以持续开展。大数据技术能够在充分了解学生个人特点和教学内容的基础上，为学生推荐与其能力相匹配的个性化资源，构建适应性的学习内容和学习路径，助力个性化学习活动的开展。

　　差异化教。在传统教育范式中，教师主要凭借自己的教学经验对学生的知识能力和学习行为进行判断并制定教学计划，往往具有一定的主观性和片面性。大数据技术可以实现对学生成长、学习行为和教学过程的全景记录，形成面向过程的评价机制，帮助教师深入了解每个学生的知识能力和学习需求，开展规模化授课与差异化指导。

　　项目反应理论。项目反应理论（Item Response Theory，IRT）也称潜在特质理论或潜在特质模型，是一种现代心理测量理论，其意义在于可以指导项目筛选和测验编制。IRT 假设被测试者有一种"潜在特质"，潜在特质是在观察、分析测验反应基础上提出的一种统计构想，在测验中，潜在特质一般是指潜在的能力，并经常用测验总分作为这种能力的估算。IRT 认为被测试者在测验项目上的反应和成绩与他们的潜在特质有特殊的关系。通过 IRT 建立的项目参数具有恒久性的特点，意味着不同测量量表的分数可以统一。

IRT 通过项目反应曲线综合各种项目分析的资料，使我们综合直观地判断出项目难度、鉴别度等项目分析的特征，从而起到指导项目筛选和编制测验比较分数等作用。

IRT 是一系列心理统计学模型的总称，是针对经典测量理论（Classical Test Theory，简称 CTT）的局限性提出来的。IRT 是用来分析考试成绩或问卷调查数据的数学模型，这些模型的目标是确定潜在心理特征（Latent Trait）是否可以通过测试题被反映出来，以及测试题和被测试者之间的互动关系。

广泛应用于心理和教育测量领域的基于 IRT 理论的计算机自适应测试（CAT）是 CAA（Computer-Aided Analysis，计算机辅助分析）常用的测试方法。潜在特质模型认为，在被测试者样本可观察的测试成绩和基于该成绩不可观察的潜在特质或能力之间存在联系。

IRT 的理论体系（3 条基本假设）如下。

假设 1：能力单维性假设——组成某个测验的所有项目都是测量同一潜在特质的。

假设 2：局部独立性假设——对某个被测试者而言，项目间无相关存在。

假设 3：项目特征曲线假设——对被测试者某项目的正确反映概率与其能力之间的函数关系所做的模型。

IRT 最大的优点是题目参数的不变性，即题目参数的估计独立于被试组。它假定，被测试者在某一试题上的成绩不受他在测试中其他试题的成绩影响，同时在试题上，各个被测试者的作答也是彼此独立的，仅由各个被测试者的潜在特质水平所决定，一个被测试者的成绩不影响另一个被测试者的成绩，这就叫作局部独立性假设。IRT 理论所得到的一切推论都必须以局部独立性假设为前提。IRT 能够根据题目难度实现对学习者能力的简单预测，判断学习者能否正确回答特定的问题，据此可以实现对学习者潜在能力的建模，对后续学习资源适配的实现起到重要的作用。

建构主义学习理论。建构主义主张世界是客观存在的，但是对事物的理解却是由每个人自己决定的。不同的人由于原有经验的不同，对同一事物会有不同的理解。建构主义学习理论认为学习是引导学习者从原有经验出发生长（建构）新的经验。建构主义学习理论又分为两种建构主义：个体建构主义和社会建构主义。

个体建构主义与认知学习理论有很大的连续性，认为学习是一个意义建构的过程，学习者通过新、旧知识经验的相互作用来形成、丰富和调整自己的认知结构的过程。学习是一个双向的过程，一方面，将新知识纳入已有的认知结构，获得了新的意义；另一方面，原有的知识经验因为新知识的纳入而得到了一定的调整或改组，如探究式学习就是个体建构主义的观点在具体教学中的运用。社会建构主义认为学习是一个文化参与的过程，学习者是通过参与到某个共同体的实践活动中来建构有关的知识的。学习不仅需要学习者对学习内容的主动加工，还需要学习者进行合作互助。因此，社会建构主义更关注学习和知识建构背后的社会文化机制，认为不同文化、不同环境下学习者的学习和问题解决之间存在着很大的不同。建构主义学习理论为学习者能力的可建模性提供了理论基础，也为知识追踪的学习者能力掌握状态预测提供了理论依据。

2.4　学习资源适配评价标准

如果将输出类型作为分类指标，则可以将学习资源适配系统分为评分预测模型和 Top-K 推荐序列模型。评分预测模型也可以分为正常评分预测模型和点击率（Click-Through-Rate，CTR）预测模型。评分预测模型可以归纳为回归问题，CTR 预测模型是指只有点击与未点击两种状态，因此可以将这种模型归纳为二分类模型，当然也可以将 CTR 预测模型归纳为回归问题。

2.4.1　评分预测指标

在对学习资源适配系统进行评价时，不同的指标反映学习资源适配系统的不同方面。常见的指标有准确度、惊喜度、覆盖率等。在评分预测模型中，主要针对的是评分预测问题，因此模型采用均方根误差（Root Mean Square Error，RMSE）和平均绝对误差（Mean Absolute Error，MAE），其中 RMSE 加大了对预测不准的评分的惩罚。对于 RMSE 和 MAE 指标，其值越小代表学习资源适配系统的误差越小，即推荐结果准确度越高。相关定义如下：

$$RMSE = \sqrt{\frac{1}{|R_{\text{test}}|} \sum_{R_{ij} \in R_{\text{test}}} \left(R_{ij} - \hat{R}_{ij} \right)^2} \tag{2.21}$$

和

$$MAE = \frac{1}{|R_{\text{test}}|} \sum_{R_{ij} \in R_{\text{test}}} \left| R_{ij} - \hat{R}_{ij} \right|_{\text{abs}} \tag{2.22}$$

其中，$|R_{\text{test}}|$ 代表测试集合的大小；$|\cdot|_{\text{abs}}$ 代表绝对值运算。RMSE 和 MAE 的值越小代表学习资源适配系统的准确度越高。

2.4.2 Top-K 推荐指标

Top-K 推荐模型是通过学习资源适配系统生成学习者的推荐学习资源列表的，对这个模型的评判需要判断这个推荐列表是否满足学习者的需求。在测试时，通常将部分学习者已经交互的学习资源放置在测试集中，通过判断这些已经交互的、学习者较为喜爱的学习资源是否会出现在推荐学习资源列表中进行推荐模型的评估。通常使用召回率与精准率进行模型的测评。

假设 R_u 是学习者 u 通过模型训练获得的推荐学习资源列表，即学习者 u 推荐的这 K 个学习资源的列表，T_u 是测试集中学习者喜爱的学习资源的集合。Top-K 推荐模型精准率的计算公式如下：

$$Precision = \frac{\sum_{u \in U} |R_u \cap T_u|}{\sum_{u \in U} |R_u|} \tag{2.23}$$

Top-K 推荐模型召回率的计算公式如下：

$$Recall = \frac{\sum_{u \in U} |R_u \cap T_u|}{\sum_{u \in U} |T_u|} \tag{2.24}$$

2.4.3 CTR 推荐指标

CTR 预测模型是目前最为流行的学习资源适配系统类型，是指通过学习资源适配系统来预测学习者是否对某个学习资源具有点击行为。与正常评分预测模型类似，CTR 预测模型也可以看作评分预测模型，评分仅有 1 和 0 两种状态，1 代表学习者点击了学习资源，在训练集中属于正样本，0 则代表未点击学习资源，属于负样本，此时的 CTR 预测模型属于二分类结果判断模型。对于 CTR 预测模型，也可以将其关注点着重于逻辑回归，此时模型的输出是一个[0,1]区间之间的点击概率值。

如果对二分类结果进行评估，则可以使用 MAE 来进行模型的训练与评估；如果输出结果为概率值，则 CTR 预测模型为回归问题的变形，可以使用 Log 损失函数进行模型的训练与评估。但仅仅使用损失函数进行模型的训练与评估只能反映该模型在数据集下的推荐结果，为了更清楚地了解学习资源适配系统的泛化能力，仍需要许多推荐指标进行模型的评估。

与 Top-K 推荐模型类似，对于二分类问题，CTR 预测模型仍可以使用召回率、准确率等指标进行推荐结果的评测。在样本中，数据可以分为正样本与负样本两类，如前文所述，正样本为 1，代表学习者对该学习资源存在点击行为，反之，负样本为 0，代表学习者没有对这个学习资源进行点击。加上对于表示样本与预测结果的讨论，可以将类别组合扩展为 4 组，即 TP（True Positive）：表示样本的真实类别为正，最后预测得到的结果也为正；FP（False Positive）：表示样本的真实类别为负，最后预测得到的结果却为正；FN（False Negative）：表示样本的真实类别为正，最后预测得到的结果却为负；TN（True Negative）：表示样本的真实类别为负，最后预测得到的结果也为负。

ACC 也被称作准确率，是评价 CTR 预测模型的一个重要指标，准确率是指正样本与负样本分类正确的总和占总样本的比率。准确率的公式定义如下：

$$\text{Accuracy} = \frac{\text{TP} + \text{TN}}{\text{TP} + \text{FP} + \text{TN} + \text{FN}} \tag{2.25}$$

虽然在测试 CTR 预测模型性能时准确率有一定的说服力，但是在正/负样本比例不均衡时，很大概率会出现模型评估不准确的情况。例如，当总样本中正/负样本比例为 1∶9 时，若将所有的样本都预测为负样本，虽说准确率可达 90%，但此时这个分类模型或推荐模型的结果也并不理想。通常情况下可以使用精准率与召回率完善模型的评估。与 Top-K 模型评估指标的精准率和召回率类似，CTR 预测模型的精准率公式定义如下：

$$\text{Precision} = \frac{\text{TP}}{\text{TP} + \text{FP}} \tag{2.26}$$

CTR 预测模型的召回率公式定义如下：

$$Recall = \frac{TP}{TP + FN} \qquad (2.27)$$

在 CTR 预测模型中，当推荐模型转换为回归问题模型时，CTR 预测模型的结果属于[0,1]区间，对于返回的 Top-K 结果是将概率值进行降序排序的，越容易被点击的学习资源排名越靠前。通常情况下，在学习资源适配系统中会为其设定一个阈值，通过阈值来判定是属于正样本还是属于负样本，大于或等于阈值的为正样本，反之为负样本。当阈值设定较高时，精准率较高而召回率较低；当阈值设定较低时，正样本数目偏多，此时召回率较高，精准率较低。为了平衡精准率与召回率，更好地评估 CTR 预测模型，往往使用 F1-Score 进行模型的评测，其公式如下：

$$F1\text{-}Score = \frac{2 \times Recall \times Precision}{Recall + Precision} \qquad (2.28)$$

阈值设定可以人为调控，根据不同的实际数据与模型进行阈值的设定。为了避免阈值设定带来的模型评估的不准确，在现在的评测指标中，AUC 与 ROC 两个评测指标也是很受欢迎的。

ROC 也具备 4 个主要的指标，分别是真阳率 TPR：TP（TP+FN）；假阳率 FPR：FP（FP+TN）；真阴率 FNR：TP（FP+FN）；假阴率 TNR：TN（TP+FN）。

对推荐预测结果按概率进行排序后进行二分类模型的阈值设定，每种阈值设定会得出不同的 FPR 和 TPR，并以真阳率为纵坐标，假阳率为横坐标绘制曲线，绘制的曲线就是 ROC 曲线。

在物理意义上，AUC 表示了 ROC 曲线的分类能力，并代表了 ROC 曲线下方的面积覆盖值，分类能力越好，AUC 的值也就越大，同时可说明排序结果理想且推荐模型质量较高。

参考文献

[1] 杨宗凯. 个性化学习的挑战与应对[J]. 科学通报，2019, 64(Z1): 493-498.

[2] MASTER G. A Rasch model for partial credit scoring[J]. Psychometrika, 1982, 47(2): 149-174.

[3] 何克抗.建构主义——革新传统教学的理论基础（上）[J]. 电化教育研究，1997(03): 3-9.

第 2 部分

关键技术

第 3 章　认知诊断模型

3.1　基础知识

　　在教育大数据背景下，针对学习者特点进行个性化教育以实现因材施教是当前智慧教育研究的一个热门方向。近年来，随着各种各样在线学习平台的迅速发展，在线学习也得到了普及。同时在线学习平台中学习资源也在不断丰富，如何在这些海量的学习资源中为学习者提供个性化的学习导学服务也变得越来越重要。为了能够对学习者实现个性化的学习指导，需要获取学习者当前的认知状态。以往获取学习者认知状态的方法往往依靠考试成绩结合教师的经验进行判断，但这样需要耗费大量的时间和精力，同时很难确保评价结果的准确性，在学习者规模急剧增加的在线学习环境下，这些方法往往很难实现。

　　为此，不少研究者引入教育心理学中的认知诊断（Cognitive Diagnosis，CD）方法来对学习者的认知状态进行刻画。认知诊断的关键环节是构建反映学习者问题解决过程的 Q 矩阵并选择合适的认知诊断模型（CD Models，CDM）对学习者进行建模。由于可以较好地实现从知识层面分析学习者的认知状态，所以认知诊断模型已在国内外受到了广泛关注。

　　认知诊断模型也称为知识追踪（Knowledge Tracing，KT）模型，知识追踪是教育数据挖掘领域的重要研究方向，其主要目的是根据建立的学习者知识状态随时间变化的模型来捕获学习者对知识的掌握情况，并从学习者的学习轨迹中挖掘潜在的学习规律，提供个性化的指导，达到人工智能辅助教育的目的。

　　根据研究中构造模型主流方法的不同，目前的研究主要分为 3 类：基于隐马尔可夫模型的贝叶斯知识追踪（BKT）、基于逻辑回归模型的加性因素模型（AFM）和基于循环神经网络的深度知识追踪（Deep Knowledge Tracing，DKT）。BKT 将学习者的学习过程看作隐马尔可夫过程，将历史成绩作为观测变量，将知识点掌握与否作为状态变量，并考虑猜测和失误概率，利用贝叶斯公式计算在当前观测变量下学习者的知识掌握概率；AFM 将学习者的能力、知识点难度、学习率等作为参数建立逻辑回归模型；DKT 利用学习者在历史任务上的结果序列构建长短期记忆（LSTM）神经网络模型。

在知识追踪的不断发展过程中，深度学习以自身具有的强大特征提取能力已被证明能够显著地提高知识追踪模型性能，因此也得到越来越多的研究人员的关注。

3.1.1   知识追踪的任务定义

近年来，在线教育和各大在线学习平台发展迅猛，推动了在线学习的大规模普及。随着在线学习平台中学习资源的日益丰富，如何为学习者提供个性化的学习服务变得日益重要。基于学习者的在线学习数据，借助教育数据挖掘（Educational Data Mining，EDM）的技术手段对学习者进行知识状态的分析，针对学习者的实际特点进行个性化学习的准确推荐以实现因材施教是当前的一个重要研究热点。为了实现对学习者的个性化学习指导，需要诊断学习者当前的知识状态。传统的诊断方法依靠教师经验进行判断，不适合在线学习环境下学习者规模急剧增加的应用场景，而知识追踪的出现就是为了解决在线学习环境下学习者的知识状态诊断（见图 3.1）问题的。

知识追踪最本质的任务是根据学习者在在线学习平台上的历史答题正误序列来获取学习者对不同知识点的掌握程度，以实现对学习者知识状态的动态跟踪，从而预测出下一时刻学习者在具体题目上的表现，判断学习者能否正确回答该题目。

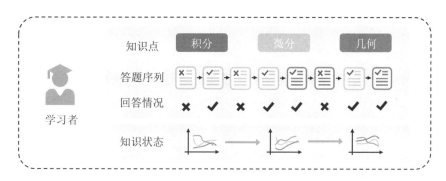

图 3.1   知识追踪的定义

由图 3.1 可知，知识追踪的任务是针对具体的一个学习者的历史答题序列来进行的，在这些题目中，每一道题目可能涉及一个或多个知识点概念，图 3.1 中针对 3 种不同的知识点标注了不同的 3 种颜色，从图中可以得到的信息是学习者对这些题目的回答情况，根据学习者在不同题目上具体的回答情况来动态跟踪学习者的知识状态，在图中的最后一行可以看出，随着学习者回答情况的变化，学习者的知识状态是不断变化的，根据此状态可以预测学习者在下一时刻能否正确回答具体题目的概率，即知识追踪所要实现的任务。根据获取的学习者的知识状态可以构建具体科目、具体题目的知识图谱，并联合推荐系统对学习者进行个性化学习资源推荐，实现智能的个性化导学。

3.1.2 知识追踪数据集介绍

在知识追踪领域最常用的数据集是 Assistment 和 EdNet，通过对数据集的了解可以更好地思考哪些数据可以用于知识追踪模型的建立。

Assistment 是由基于计算机环境的智能导学系统 ASSISTments 平台采集的该平台上的学习者的学习数据。ASSISTments 平台是由美国联邦基金资助、伍斯特理工学院主办的免费公共服务平台，自 2005 年创建以来，ASSISTments 平台获得了迅速发展，其学习者已由美国逐渐发展至中国、英国和澳大利亚等多个国家。截至 2018 年 3 月，已有近 1000 名教师和 60000 多名学生在 ASSISTments 平台上进行了注册，创建了 1000 多万个问题，为智能导学系统的研究和开发提供了良好的范式。ASSISTments 平台旨在通过提示和反馈等形式为学习者的学习提供支持和评价（其名称是 "Assistance" 和 "Assessment" 的结合，即 "支持" 和 "评价" 的结合），这正是 ASSISTments 平台的核心。ASSISTments 平台以其强大的功能，已成为目前影响力很大的一款智能导学系统。目前，ASSISTments 平台所推出的数据集是根据年份进行更新的，在知识追踪领域使用最多的是 ASSISTment 2009—2010 数据集，该数据集的数据参数较为全面，除了最基本的学习者 ID、题目 ID、回答正误，还对题目的知识点进行了划分，同时包括学习者在平台上回答停留的时间，学习者的学校和班级信息等，以此数据集为基础可以考虑不同数据背后所蕴含的实际意义，从而开展更为个性化的模型建立。

EdNet 是由 Santa 公司自 2017 年以来收集的大规模分层数据集，Santa 是一个配备了人工智能辅导系统的在线学习平台，可帮助学习者做准备工作。EdNet 在两年以上收集的 784309 个学习者中包含了 131417236 个互动，使其成为迄今为止发布的最大的知识追踪领域的公开数据集。与现有数据集不同，EdNet 记录了从题目信息到课程学习再到学习者答题的各种学习者行为。此外，EdNet 具有层次结构，将学习者行为分为 4 个不同级别的抽象表示。EdNet 数据的特征是不可替代的，使 EdNet 可以轻松的扩展到不同的领域。

3.1.3　传统的知识追踪模型

1. BKT 模型（见图 3.2）

1994 年，Corbett 等人通过将 BKT 模型引入智能导学系统来描述学习者在知识学习过程中知识状态的变化。BKT 模型以布鲁姆掌握的学习理论和最近发展区理论为前提，认为各领域的知识可以分解，学习者在掌握高级知识之前需要掌握必要的前序知识。BKT 模型的本质是关于时间序列的隐马尔可夫概率模型，隐马尔可夫链生成不可观测的状态随机序列，由随机状态产生观测随机序列。在 BKT 模型中，知识节点的状态为潜变量（不可观测的状态随机序列），成绩节点为可观测变量（观测随机序列）。

BKT 模型基于以下 4 个假设。

（1）知识学习过程是知识从未掌握状态到掌握状态的离散过渡。

（2）知识状态为掌握与未掌握的二元潜变量。

（3）成绩为正确与错误的二元观测变量。

（4）学习者不存在遗忘情况。

同时，BKT 模型只对特定的单个知识点进行建模，每个模型相对于知识点独立，不涉及多知识点问题。

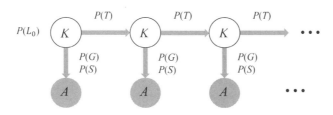

图 3.2　BKT 模型

由图 3.2 可知，在经典 BKT 模型中，学习者在每个知识节点上的掌握状态主要受 4 个参数的影响：$P(L_0)$、$P(T)$、$P(G)$ 和 $P(S)$。$P(L_0)$ 为先验概率，表示学习者在学习前掌握知识点的初始概率；$P(T)$ 为学习概率，表示通过学习，学习者掌握知识点的转换概率；$P(G)$ 为猜测概率，表示学习者在没有掌握知识点的情况下猜对的概率；$P(S)$ 为失误概率，表示学习者在掌握知识点的情况下答错的概率，系统会根据学习者每次给出的回答持续更新其掌握知识点的概率。

学习者答对题目的情况有两种：掌握了知识点并没有产生失误；没有掌握知识点但在答题过程中猜对了。

学习者答错题目的情况也有两种：掌握了知识点但在答题过程中产生失误；没有掌握知识点且在答题过程中猜错了。

因此，学习者在答对和答错两种情况下掌握知识点的概率分别为

$$P(L_n|\text{correct}) = \frac{P(L_{n-1})(1-P(S))}{P(L_{n-1})(1-P(S))+(1-P(L_{n-1}))P(G)} \quad (3.1)$$

$$P(L_n|\text{incorrect}) = \frac{P(L_{n-1})P(S)}{P(L_{n-1})P(S)+(1-P(L_{n-1}))(1-P(G))} \quad (3.2)$$

BKT 模型的各个参数都有其现实意义，具有很好的解释性，但是 BKT 模型的预测概率是基于它的 4 个假设下的，但这些假设在实际的学习过程中是存在一定问题的。

（1）学习过程是连续的，而不是离散的。学习者对知识点的掌握程度是逐渐增加的，而不是在某一时刻突然掌握了某个知识点。

（2）二元状态无法反映学习过程的复杂性。针对学习过程中的答题对错情况，简单的二元状态是无法反映出来的，对于选择题和判断题，可能只有答错或答对两种情况，但是针对问答题和计算题等带有文本回答信息的题目，可能存在步骤分或其他得分的情况，无法将其答案划分为答对还是答错，因此还需要更多的信息来拟合学习者的答题情况。

（3）学习者的学习过程存在遗忘的情况。BKT 模型假设的是学习者不存在遗忘情况，但在现实的学习过程中，每个学习者对知识都是会出现遗忘情况的，而每个学习者对知识点的遗忘速度、遗忘规律都不尽相同，因此这个假设也不符合现实的学习过程，需要加入某个遗忘机制来对学习者的遗忘情况进行刻画。

（4）单个题目可能包含多个知识点。每个题目可能对应多个知识点，而不是

单个题目只针对单个知识点，因此，只有将题目对应知识点的情况考虑得更加全面，才能更加准确地追踪到学习者对不同知识点的掌握程度。

2. 可加性因素模型

学习者能力的可测性是心理测量领域的基本观点，项目反应理论（IRT）就是建立在这一观点之上的。IRT 模型在教育评估与测量中发挥着重要的作用。它主要用于分析考试成绩，将潜在的学习者能力（心理特征）通过一系列的考试题目反映出来。IRT 模型认为，主、客观因素均可影响学习者的考试成绩。主观因素即学习者自身的能力，客观因素包括题目难度、题目区分度、猜对概率和失误概率等。IRT 模型基于 Logistic 函数，通过加入学习者能力、题目难度、题目区分度等参数来预测学习者的考试成绩。

IRT 模型把学习者能力视为静态和一维的参数，适用于学习者能力不变的环境，如以考试为代表的总结性评价。然而，在学习过程中，学习者能力不是静态的，而是动态变化的，因此 IRT 不适合对学习者能力存在变化的学习过程进行建模。

为了解决学习过程中学习者能力的时变性特征，卡耐基梅隆大学的 Koedinger 研究团队提出了 AFM 模型。AFM 模型在 Rasch 模型的基础上进一步扩展了参数，考虑了学习率和练习次数这两个变量对学习者知识状态的影响。

关于 AFM 模型的更新和预测公式为

$$P\left(Y_{ij}=1\right)=\frac{1}{1+\mathrm{e}^{-z_{ij}}} \tag{3.3}$$

$$z_{ij}=\theta_i+\sum_k q_{jk}\left(\beta_k+\gamma_k T_{ik}\right) \tag{3.4}$$

其中，学习者参数 θ_i 和 T_{ik} 分别表示学习者 i 解决问题 j 所具有的先验知识（能力）和学习者 i 在第 k 个知识点上的练习次数。问题参数包括 β_k、γ_k 和 q_{jk}，其中，β_k 表示问题 j 中第 k 个知识点的难度；γ_k 表示问题 j 中第 k 个知识点的学习率；q_{jk} 表示问题 j 中是否包含第 k 个知识点，q_{jk} 为 1 表示问题 j 包含第 k 个知识点，q_{jk} 为 0 表示不包含知识点。

假设学习者需要完成 m 道含有相同知识点的题目，已知题目的 Q 矩阵（题目知识点对应矩阵），学习者前 $m-1$ 道题目正确与否，以及每道题目在多次尝试的情况下用最大似然估计法训练得到的 θ、β、γ 参数，最后预测学习者在第 m 道题目上能否回答正确。与 BKT 模型不同，AFM 模型假设学习是一个渐进的变化过程而不是离散的过渡，不是估计学习者潜在的知识状态，而是直接预测学习者回答正确的概率。首先，不同学习者的基础知识掌握能力不同，需要设置能力参数（能力不再是静态不变的）。其次，题目可以是多个知识点的。再次，学习率只反映知识点是否容易学，与学习者个体无关（学习率是关于知识点的参数），每个知识点的难度不同，需要给每个知识点设置难度参数和学习率。可以看出，AFM 模型所强调的能力渐变性和多个知识点耦合更符合真实的学习情境，因此获得了广泛的应用。

BKT 模型和 AFM 模型都属于一类高度结构化的模型，其参数都具有教学上的可解释性。但是，BKT 模型需要依赖专家标注相关领域的学科知识，而 AFM 模型中使用的 Q 矩阵需要建立知识点与题目之间的映射关系，同样需要专家的参与。DKT 模型的出现很好地解决了这类问题，降低了人工成本。

3.2 引入流行模型的知识追踪模型

相比于之前较为传统的知识追踪模型，引入流行模型的知识追踪模型可以构造更符合知识追踪任务的嵌入形式，也能捕获答题数据中更多的潜在意义表达，从而提高模型的预测准确性。

3.2.1 深度知识追踪

虽然 BKT 在知识追踪领域取得了很大成功，但是其本身也存在着很大的问题。首先，变量与知识成分（Knowledge Component，KC）之间的对应是模糊的，无法做到一一对应，且二元变量的设置不符合现实中的学习过程。其次，对每个 KC 分开建模的方式使 BKT 无法捕捉不同 KC 之间的关系，也丧失了对未定义 KC 和复杂 KC 的建模能力。深度学习以其强大的特征提取能力引起了研究者的广泛关注，许多研究者将其应用于知识追踪领域，称为基于深度学习的知识追踪（Deep Learning Based Knowledge Tracing，DLKT）。相比传统的机器学习模型，DLKT 不需要人工标注 KC 信息，并且能够捕捉更复杂的学习者知识表征，还可以发现并利用 KC 之间的关联信息。目前，对 DLKT 的研究已经成为知识追踪领域的一大研究热点。DLKT 领域的开创性工作——DKT 模型于 2015 年被提出，DKT 模型的结构如图 3.3 所示。

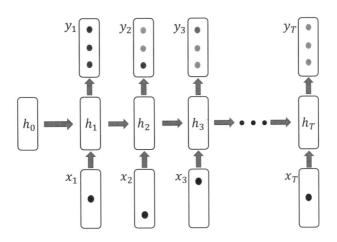

图 3.3　DKT 模型结构示意图

Piech 等人提出的 DKT 模型是 DLKT 领域的开创性工作，也是 DLKT 领域的基本模型。DKT 模型以循环神经网络（Recurrent Neural Network，RNN）为基础结构。RNN 模型是一种具有记忆性的序列模型，其中的序列结构使其符合学习中的近因效应并保留了学习轨迹信息，这种特性使 RNN 模型、长短期记忆网络（Long Short Term Memory，LSTM）模型和门控循环网络（Gated Recurrent Unit，GRU）模型等成了 DLKT 领域使用最广泛的模型。DKT 模型以学习者的学习交互记录 $\{i_1, i_2, \cdots, i_t\}$ 为输入，通过 One-hot 编码或压缩感知（Compress Sensing）将 i_t 转化为向量并输入模型。在 DKT 模型中，RNN 的隐藏状态 h_t 被解释为学习者的知识状态，h_t 被进一步通过一个 Sigmoid 激活函数的线性层得到预测结果 y_t。y_t 的长度等于题目数量，其每个元素代表学习者正确回答对应题目的预测概率，具体的计算过程为

$$h_t = \tanh\left(W_{hx}x_t + W_{hh}h_{t-1} + b_h\right) \tag{3.5}$$

$$y_t = \mathrm{Sigmoid}\left(W_{yh}h_t + b_y\right) \tag{3.6}$$

其中，下标 hx、hh、yh 表示索引值。DKT 模型的目标函数是观测序列的非负对数似然函数，如果用 L_{BCE} 表示二元交叉熵（BCE），则学习者的损失值为

$$L = \sum_{t=t_1}^{t_T} L_{\mathrm{BCE}}\left(p_t, a_{t+1}\right) \tag{3.7}$$

相比于以 BKT 模型为代表的传统机器学习模型，DKT 模型不需要人工标注的数据就有更好的表现，且能够捕捉并利用更深层次的学习者知识表征，这使其非常

适合以学习为中心的教学评估系统。尽管 DKT 模型的预测性能优于传统的模型，但它在教育应用中的实用性还有待提高，可解释性差、长期依赖和学习特征少是 DKT 模型最显著的 3 个问题。

3.2.2 基于图神经网络的知识追踪

在计算机辅助学习系统上，学习者的表现可以随着时间逐渐被预测，正确的预测能够帮助学习者准确选择与现在知识水平相当的题目，有效的预测可以为学习者提供更符合其自身的学习资源和学习路径，从而帮助学习者提高学习积极性。目前，存在许多的知识追踪模型，将深度学习引入知识追踪的模型有 DKT 模型，其采用了递归神经网络（LSTM），这个模型证明比传统的模型都要好。作为深度学习的一个重要的领域——图神经网络，它是不是也能很好地运用于知识追踪领域呢？

从数据本身结构的角度出发，一门课程可以被组织成一张完整的图模型，图上的某个点代表熟练掌握一个知识概念所需掌握的知识点，同时这些知识点是相互关联、相互依赖的。因此，结合课程知识的图形结构特性可以有效地改进知识追踪模型，提高模型的可解释性。然而，先前的基于深度学习的知识追踪模型，如 DKT 模型，没有考虑这样的特性。先前的基于深度学习的知识追踪模型的架构，如 RNN，通常在序列数据上表现较好，但不能有效地处理图形结构数据。

随着各种深度学习网络的发展，基于图神经网络（Graph Neural Network，GNN）的研究也逐渐兴起，尽管对这种不规则领域数据的操作对现有的机器学习模型来说具有挑战性，但是目前各种泛化架构在各领域都取得了不错的成果。Battaglia 等人从关系归纳偏差的角度解释了 GNN 的表达能力，它通过纳入人类关于数据性质的先验知识来提高机器学习模型的样本效率。

使用 GNN 执行知识追踪时遇到的挑战是潜在图形结构的定义。GNN 对图形结构数据的建模具有相当大的表达能力，然而，在知识追踪设置的几种情况下，图形结构本身（相关概念和关系的强度）没有被明确地提供。专家可能试探性地手动去构建内容之间的关联，但它需要深厚的领域知识和大量时间。因此，很难为在线学习平台中的所有内容预先定义图形结构，通常称这个问题为隐式图形结构问题。一个简单的解决方案是使用简单的统计数据定义图形结构，这些统计数据可以从数据中自动获得，如概念回答的转移概率。另一个解决方案是在优化主要任务的同时学习图形结构本身。最近，GNN 研究中的一个相关主题是边缘特征学习，为此已经提出了几种模型。

在众多 GNN 的研究课题中，边缘特征学习是与知识追踪任务相关性最高的。图注意力网络（GATs）将多头注意力机制应用于 GNN，同时不断地在训练过程中更新其边缘权值，从而无须预先定义这些数据。神经关系推理（NRI）利用变分自动编码器（VAE）以无监督的方式学习潜在的图形结构。论文 *Graph-based Knowledge Tracing: Modeling Student Proficiency Using Graph Neural Network*（以下该论文名称简称 GKT）中的方法是假设一个课程的知识概念为潜在的图形结构形式，并使用图形运算符来模拟学习者随着时间对知识点掌握程度的变化。然而，在许多情况下，图形结构本身并没有被显式地提供，只能通过设计掌握模型来解决这个问题。这些模型学习边连接本身，同时优化学习者的表现，通过扩展这些边缘特征学习进行预测机制。

图 3.4 所示为基于图神经网络的图知识追踪，将知识追踪重新定义为 GNN 中的时间序列节点级分类问题。这种构想主要建立在 3 个假设上：该课程的所有知识被分解为固定数目的知识点；每个时刻学习者都有对应的知识点掌握程度，将其设为知识状态（Knowledge State）；所有的课程知识被构建为一张完整的图，学习者的知识点掌握程度通过这个图进行更新迭代，如果学习者答对或答错一道题目，那么针对这个课程，学习者的知识状态受影响的不只是这道题目所包含的知识点，还有与这个知识点有关联的其他知识点，即邻接节点。

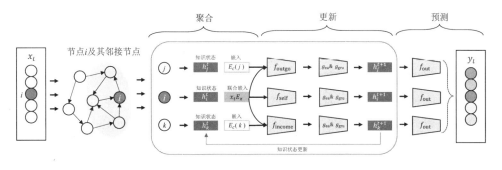

图 3.4　基于图神经网络的图知识追踪

论文 GKT 中的模型使用的是两个开放的数学练习日志数据集，ASSISTments 平台提供的 ASSISTment 2009—2010 和 Bridge to Algebra 2006—2007 数据集对该模型进行了实例验证，在预测性能上，该模型比以往的基于深度学习的模型表现要优，这意味着该模型在改善学习者成绩预测上有很大的潜力。此外，通过对训练模型预测模式的分析，可以从模型的预测中清楚地解释学习者知识点掌握程度的过程，即学习者理解知识概念及其所需的时间，而以前的模型解释能力较差，这意味着该模型比以前的模型提供了更多可解释的预测。在假设目标课程是图形结构的情况下跟踪实际教育环境中的应用，所得结果都验证了该模型在提高预测性能和适用性方面的潜力。

论文 GKT 提出了第 1 种基于 GNN 的知识追踪模型，考虑了先前基于深度学习的模型所忽略的潜在知识结构，将知识结构转化为图的形式，将知识追踪任务重新表述为 GNN 的应用。同时该论文讨论了 3 种方法来改进模型。第 1 种是根据节点的边缘类型对节点之间的信息传播施加适当的约束。在该方法的研究中，为了进行公平的比较，分别以基于统计的方法和基于学习的方法定义了两种类型的边缘。然而，没有对每个节点的边缘类型施加任何约束，因此对每个节点的边缘类型（如依赖方向和因果关系）的意义可能很小，特别是对学习的边缘。解决办法是根据节点的边缘类型对节点之间的信息传播施加一些约束，如定义边缘的方向，并将传播限制在从源节点到目标节点的一个方向上。此外，这可以作为关系归纳偏差，提高论文 GKT 的样本效率和可解释性。第 2 种是将所有概念（如 DKT）所共有的隐藏状态合并到论文 GKT 中。虽然只采用单个隐藏向量来表示学习者知识状态，使 DKT 中的概念之间复杂交互的建模复杂化，但将这种类型的表示添加到 GKT 中可以通过充当全局特征来提高模型的性能。全局特征意味着每个节点的共同特征，并且可以表示跨变量概念或学习者原始概念的共同知识状态对个体概念理解的不变。第 3 种是实现多跳传播。在该方法的研究中，论文 GKT 中将传播限制在单跳，即响应某个节点的信息只用一个时间步长就传播到其相邻节点。然而，要有效地模拟人类的学习机制使用多跳将更合适。此外，这可以使模型学习稀疏连接，因为模型可以将特征传播到远程节点上，而不连接其他节点。

深度学习的黑盒问题存在已久，但是 GNN 中的信息传播和信息更新机制相比于传统的深度学习来说更具有可解释性。知识图谱为现实世界的知识提供了数据的表现形式，通过 GNN，将其应用于知识图谱推理任务，从而显式地构造出基于知识图谱的推理路径，在一定程度上也许可以打开深度学习的黑盒。

3.2.3　融入 Transformer 模型的知识追踪

Transformer 模型是一个利用注意力机制来提高模型训练速度的模型，可以说是完全基于自注意力机制的一个深度学习模型，因为它适用于并行化计算，所以其本身的复杂程度导致它在精度和性能上都要高于之前流行的 RNN 模型。

Pandey 等人率先在知识追踪领域使用了 Transformer 模型，并提出了 SAKT（Self-Attention Knowledge Tracing）模型，其结构如图 3.5 所示。

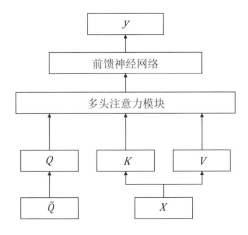

图 3.5　SAKT 模型结构

SAKT 模型是首次将 Transformer 模型运用于知识追踪领域的，在 Transformer 模型中，计算注意力所使用的 Q、K、V 这 3 个参数为输入序列乘以不同的权重矩阵所得。而在 SAKT 模型中，Q、K、V 分别为题目的嵌入序列和交互的嵌入序列投影所得。由于 SAKT 模型不是时序模型，所以需要位置嵌入以保留输入序列的位置信息。

在论文 *Separated Self-attention Neural Knowledge Tracing* 中，Choi 等人认为 SAKT 模型的注意力层太浅，且 Q、K、V 的计算方法缺乏经验支持，因此提出了 SAINT 模型来解决这两个问题，如图 3.6 所示。该论文讨论了寻找合适的方法构造查询、键和值矩阵来进行知识追踪的问题。在一系列广泛的经验探索的支持下，提出了一种新的基于 Transformer 模型的知识追踪模型——SAINT 模型，即分离自注意力机制和神经网络的知识追踪模型。

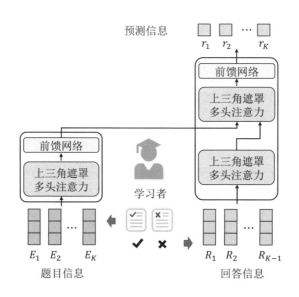

图 3.6　SAINT 模型

SAINT 模型由编码器和解码器组成，这些编码器和解码器是由多个相同的层堆叠而成的，这些层由上三角遮罩多头注意力和前馈网络组成，如图 3.6 所示。编码器将练习序列作为查询、键和值，并通过重复的注意力机制产生输出。解码器先将响应嵌入的顺序输入作为查询、键和值，然后交替地将注意力层应用于编码器的输出。与目前最先进的模型相比，SAINT 模型将练习序列和响应序列分离，并分别将它们输入编码器和解码器，通过深度注意力计算来捕捉练习和响应之间复杂关系的独特特征。结果表明，SAINT 模型能够有效利用深层次的自注意力机制反映训练的题目信息和学习者的回答信息之间的复杂关系。

LANA（Level Attentive Knowledge Tracing）模型。在所有提出的知识追踪模型中，由于神经网络的高灵活性，所以 DKT 及其变体是迄今为止最有效的模型。然而，DKT 往往忽略了学习者之间的内在差异（如记忆技能、推理技能），将所有学习者的表现平均，导致缺乏个性化，因此被认为不适用于适应性学习。

为了缓解这一问题，Zhou 等人提出了层次注意知识追踪模型，该模型首先使用一种新的学习者相关特征提取器（SRFE），从学习者各自的交互序列中提取学习者独特的固有属性。其次利用枢轴模块对提取特征的注意力进行动态重构神经网络解码器,成功区分了学习者随时间的表现。此外,受 IRT 的启发,利用可解释 Rasch 模型对学习者的能力水平进行聚类,从而利用层次学习将不同的编码器分配给不同的学习者组。通过枢轴模块重构面向个体学习者的解码器,分层学习面向群体的专业编码器,实现了个性化的 DKT。

图 3.7 中的体系结构的左边部分是编码器和 SRFE,右边部分是解码器。编码器的目标是先从模型的输入中检索任何有用的信息,然后 SRFE 进一步提取这些信息以获取与学习者相关的特征。最后,解码器利用从 SRFE 和编码器中收集的信息进行预测。

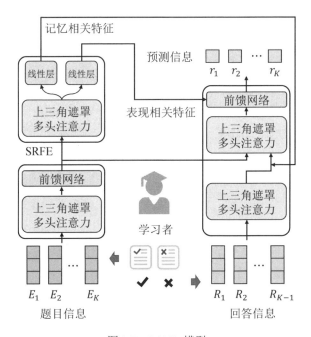

图 3.7 LANA 模型

LANA 模型对基本的 Transformer 模型进行了如下的修改。

(1)直接将位置嵌入注意模块。

(2)LANA 模型使用一种新的 SRFE 从输入序列中提取必要的与学习者相关的特征。

(3)LANA 模型利用主元模块提取与学习者相关的特征,动态地为不同的学习者重构不同的解码器。利用重构的解码器、检索的知识状态和其他上下文信息来预测未来练习的相应个性化响应。

LANA 模型是第一个通过新的 SRFE 从学习者相关的交互序列中提取与学习者相关的特征的模型，极大地降低了实现个性化知识追踪的难度。

3.3 融入学习过程因素的知识追踪模型

引入流行模型的知识追踪模型固然可以提高模型的预测效果，但有时候缺少一定的可解释性，如果从学习者的学习过程考虑进行建模，或者考虑知识层面和学习者本身的一些特性来建立具有可解释性的模型，那么也能建立出表现优异的知识追踪模型。

3.3.1 纳入学习者能力因素的知识追踪

论文 *Deep Knowledge Tracing and Dynamic Student Classification for Knowledge Tracing* 提出了一种新的知识跟踪模型——基于动态学习者分类的深度知识跟踪（DKT with Dynamic Student Classification，DKT-DSC）模型。在每个时间间隔内，该模型首先将一个学习者分配到具有相似学习能力的一组不同的学习者中，然后将这些信息反馈给一个 RNN，即 DKT 架构，用于从数据中预测学习者的表现。从而可以将学习者分类视为学习者能力的长期记忆，并作为输入 RNN 的信息。利用 DKT 改进的知识跟踪模型是目前最先进的知识跟踪模型之一。

人类的学习是一个涉及实践的过程。然而，学习也受到个人学习能力的影响，或者通过或多或少的实践变得精通。把通过很少的实践而变得精通的能力称为学习能力。基于这一观点，该论文提出了一种基于动态跟踪学习者并深入了解分类的网络模型（DKT-DSC）来评估学习者的学习能力。具体地，先将具有相似学习能力的学习者分配到不同组的实验组，然后在不同时间间隔调用 RNN 模型跟踪不同组学习者的知识变化情况。该模型通过跟踪学习者的表现来反映他们的学习能力，并随着时间的推移定期重新评估。

根据学习者在学习系统中不同内容上的表现，将他们分成不同的学习能力相似的小组，以便为具有相似学习能力的每组学生提供更有适应性的指导。在每个时间间隔内，通过对下一个时间间隔开始前的学习者学习历史的评估，采用聚类的方法对学习者的学习能力进行动态评估。

图 3.8 说明了 DKT-DSC 模型是如何通过在每个时间段（时间间隔）将学习者的学习能力作为不同的组信息合并来改进知识追踪的个性化的。输入层的每个时间段的颜色表示根据学习者的学习能力在该时间段属于哪个组。在不考虑学习者学习能力的情况下，DKT-DSC 模型与标准 DKT 模型是相同的。DKT-DSC 模型将学习者的学习能力融入 DKT 模型，动态地将一个学习者分配到一组学习能力相近的学习者中，以更好地实现系统的个性化。它舍弃了所有学习者都有相同学习能力的假设，以及学习者的学习能力随着时间的推移是一致的假设。事实上，学习者的学习能力是不断发展的，有些学习者可能比其他学习者学得更快。

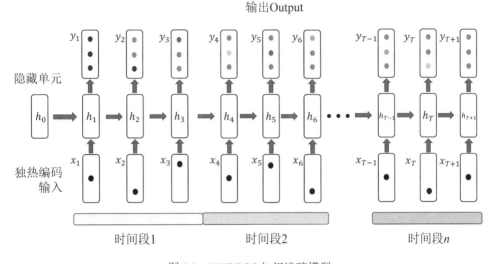

图 3.8　DKT-DSC 知识追踪模型

ABKT（Ability Boosted Knowledge Tracing）模型如图 3.9 所示，ABKT 模型构建了知识和能力两个并行模型，并基于集成学习和增强技术构建了知识和能力双跟踪框架。基于建构主义学习理论，ABKT 模型提出了一种基于连续矩阵分解的知识演化模型（CMF 模型）来模拟学习过程中的知识内化程度。此外，ABKT 模型中的 LGLA 模型利用图形结构的学习者交互数据构建学习者和项目潜在能力特征。LGLA 模型通过线性化特征聚集层简化了图卷积神经网络，允许模型通过随机或小批量方法进行优化，进一步提高了模型的训练效率和可用性。

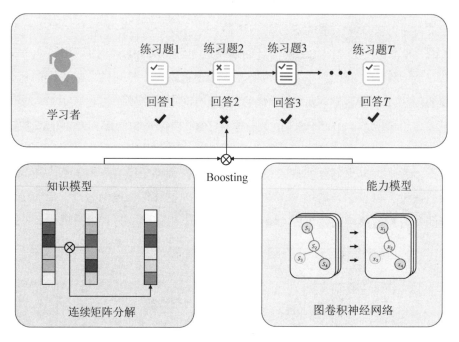

图 3.9 ABKT 模型

在学习者学习的过程中,影响学习者的答题正确与否的因素不仅与题目难度、题目知识点等信息有关,还与学习者本身的能力有关,ABKT 模型将这两部分的因素分别进行建模,实现了知识和能力双因素的融合,更好地拟合真实情境下的学习过程的同时展示了模型的高性能,实现了高准确性和可解释性的统一。

3.3.2 融入题目文本信息及其知识点的知识追踪

Zhang 等人受到了 MANN(Memory-Augmented Neural Network)模型的启发,提出了 DKVMN(Dynamic Key-Value Memory Network)模型。该模型可以利用基础知识概念之间的关系直接输出学习者对每个基础知识概念的掌握程度。与标准记忆增强神经网络(有助于单个记忆矩阵或两个静态记忆矩阵)不同,该模型有一个称为键的静态矩阵用于存储基础知识概念,而另一个称为值的动态矩阵用于存储和更新相应基础知识概念的掌握程度。DKVMN 模型可以自动发现通常由人工注释执行的练习的基础知识概念,并描述学习者不断变化的知识状态。

由图 3.10 可知,DKVMN 模型可以自动学习输入练习和基础概念之间的相关性,并为每个基础知识概念维护一个概念状态。在每个时间段,只有相关的基础知识概念状态被更新。学习者完成练习后，模型将更新这两个基础知识概念状态。所有基础知识概念状态构成学习者的知识状态。

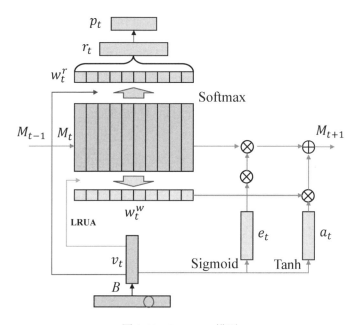

图 3.10 DKVMN 模型

DKVMN 模型是一种新的序列学习模型，可以用它来解决知识追踪问题。该模型可以在在线学习平台上实施，以提高学习者的学习效率。DKVMN 模型不仅优于最新的 DKT 模型，并且随着时间的推移，还可以追溯学习者对每个基础知识概念的理解，这是 DKT 模型的主要缺点。与标准 MANN 模型相比，键值对使 DKVMN 模型可以发现每个输入练习的基础知识概念，并跟踪学习者对所有基础知识概念的知识状态。

EKT（Exercise-aware Knowledge Tracing）模型。传统的 LSTM 模型通过单个方向学习每个单词的表示，不能利用未来单词中的上下文单词信息。为了充分利用每个练习的上下文单词信息，EKT 模型建立了一个双向的 LSTM，考虑了前后两个方向的单词序列。首先从文本内容 e_i 中获取每个练习的特征化表示，记作练习嵌入 x_i，然后对学习者的整个练习过程进行建模，获取学习者的嵌入表示，最后在不同的训练步骤中结合历史行为数据对学习者成绩的影响来获取学习者的隐藏表示。

图 3.11 所示为 EKT 模型，论文 *Exercise-aware Knowledge Tracing for Student Performance Prediction* 先对练习层面和学习者层面进行建模，提出了基于一阶马尔可夫模型和基于注意力机制的两个模型。然后对知识层面进行建模提出了文本感知的知识追踪模型——EKT 模型，将学习者在不同知识点上的掌握程度表示出来，以实现对学习者未来成绩更准确地预测。

EKT 模型综合了 EERNN 模型与 DKVMN 模型，因此拥有双重注意力模块，其主要计算过程与 EERNN 模型和 DKVMN 模型相同。

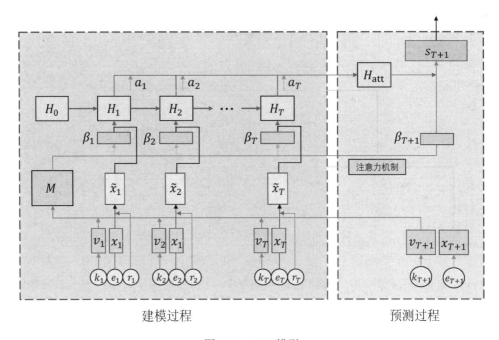

建模过程　　　　　　　　　　　　　　　　　　预测过程

图 3.11　EKT 模型

3.3.3　融合认知诊断的学习资源适配技术

在学习者的个性化学习资源适配中，获取学习者的知识状态是必不可缺的重要环节。知识追踪的任务是根据学习者在多个历史学习任务上的正误序列来预测对学习任务所含知识点的掌握概率的，以实现对学习者的知识掌握程度的动态追踪。影响学习者对知识掌握程度的因素往往不仅与知识点的难易程度、文本信息有关，还与学习者的自身能力相关。为了准确地对学习者的学习过程进行建模，动态追踪学习者在知识点上的掌握程度往往需要考虑到各个方面的影响。

通过认知诊断技术可以得到学习者在具体不同的知识点上的掌握程度，构建认知状态指标体系。认知状态指标用来衡量学习者在学习过程中的认知参与，学习者是否能够在学习过程中学习到相应的知识可以通过对学习者的认知诊断来反映。认知状态可以通过知识追踪模型对学习者的知识掌握程度进行预测来反映学习者对具体知识点的认知情况。通过对其掌握概率的划分来判断学习者对具体知识点的掌握程度属于精通、部分了解和薄弱中的哪个程度。

对于具体知识点，如果预测的掌握概率小于 20%，则认为该知识点属于薄弱知识点，应该优先进行相关学习资源的推荐；如果预测的掌握概率在 20%~80%，则认为该知识点属于部分了解知识点，可以在薄弱知识点后进行推荐；如果预测的掌握概率大于 80%，则认为该知识点属于精通知识点，可以适当低频次的推送相关学习资源。

统一的学习路径规划、学习资源适配缺乏个性化的导学服务，难以针对不同学习能力的学习者提供契合其自身的帮助。而学习者的能力、学习兴趣和知识点的难易程度都会对学习者的认知状态产生影响，只有通过实现对学习者的知识状态的实时获取来捕获学习者相对薄弱的知识点，了解其学习习惯和学习兴趣，为其推送适合其自身认知的题目、视频等学习资源，才能实现个性化的学习路径规划和学习资源适配。

3.4 研究趋势和展望

3.4.1 研究趋势

建立合乎教育教学过程的模型可以实现认知诊断模型效果的提高，运用新的模型构建合适的输入形式也可以很好地提高预测效果。

近年来，关于知识追踪的新的研究逐渐增加，但研究与应用过程还需要关注很多问题，后续的研究不仅需要在数据建模层面增加建模的维度，还应该从实际的适用环境出发，结合不同领域进行建模，深度学习和大数据的发展应该成为知识追踪技术改革和创新的关键。从以上分析得出，知识追踪未来的主要研究发展方向有以下几点。

（1）增加建模的维度。现有的研究绝大多数都是基于学习者与智能导学系统的交互数据建立模型进行预测的，这类数据通常是历史学习成绩，建模的维度比较单一。因此，可以考虑从知识层面增加建模的维度，即在原有模型中融入知识点关系矩阵。此外，还可以从学习者层面进行研究。学习情绪是目前较为关注的研究方向，通常包括困惑、投入、沮丧、厌倦等。在不同的学习者身上，相同学习情绪的唤醒程度具有高低差异，不同学习情绪对学习者自身会造成消极或积极的影响，从而影响学习结果。因此，在未来智能导学系统的研究中可以更加关注学习者在学习过程中产生的学习情绪及其变化，及时提供反馈并在适当的时候给予教学干预，帮助学习者远离负面情绪，保持积极的学习状态。对于学习者特征，如何选择合适的学习情绪作为建模因子，如何将学习情绪与其他数据融合进行预测，如何提高模型性能等都是未来的研究方向。

（2）针对不同领域建模。知识追踪模型的选择取决于建模的具体背景。数学学科知识概念清晰，知识追踪模型在开始时主要是针对数学学科建立的。由于不同学科具有不同的特征，所以针对单一学科建立的模型可移植性不佳。例如，开放式的学习环境包括编程学习和语言学习。编程学习又可以分为文本式和图形化编程，输入的数据通常为代码或相应的代码图形。语言学习输入的数据包含文本和语音。因此，未来的研究应该根据不同学科的特点尝试使用其他算法或引入其他模型使知识追踪的适用环境更具有针对性。

（3）深度学习与大数据技术的应用。一方面，数字化在线学习平台存储了大量的学习者学习数据，而深度学习的发展提高了大数据的利用率。另一方面，高度依赖于专家标注的模型在处理异构数据上具有局限性。深度学习在处理语音信息、图像识别等方面表现出较好的性能。在此趋势下，知识追踪模型的建立可以更好地依赖于客观数据。因此，未来的研究可以着重于深度知识追踪并探索如何解决不具有教学解释性的问题。

（4）数据冷启动的问题。训练高质量的知识追踪模型需要大量数据来保证训练稳定性。但是，实际的教育场景通常会遇到冷启动问题和数据隔离问题。例如，学习者的学习数据往往分配在不同的学校中，很难集中进行训练数据的收集。因此，结合诸如联合学习或积极学习训练新颖的知识追踪模型之类的概念的潜在方法也是一个有希望的研究方向。

3.4.2　展望

（1）考虑不同类型题目的接受程度。为了得到学习者的认知状态，需要考虑不同的题目对学习者的影响程度是不同的。学习者对自己所感兴趣的知识领域往往更容易接受，也更乐意花费精力去掌握该知识领域的内容；而对于学习者不感兴趣的领域，训练次数的增加也不一定能获得相应知识掌握概率的增加。但学习者的学习兴趣需要更多额外的信息来进行综合判断，未来数据集的更新也许可以对学习者的建模更加全面。

（2）更深层次的图神经网络。不同知识点的呈现状态更接近于图的形式，因此构建更深层次的图神经网络，获取更多跳的内容，考虑知识点附近更深的隐藏信息也许能为模型的建立提供卓越的效果。

（3）考虑知识点之间的关联信息。知识点之间的关联信息最开始是由领域专家进行手动标注的，通过构建 Q 矩阵的方式实现。然而，当数据量逐渐增大时，手动标注的形式也逐渐不可取，因此需要通过深度学习的相关算法来获取知识点之间的关联信息。因此，建立更合理的模型捕获不同知识点之间的关联信息，以此来获取学习者的认知状态变化也是未来需要考虑的问题。

（4）多因素的认知诊断。在对学习者的认知状态进行诊断时，不仅要考虑知识点的掌握程度，还要考虑其他因素。例如，利用视线估计、头部姿态等相关视觉技术对学习者答题过程中的表情进行识别，以此来分析学习者的答题情绪状态，根据答题情绪状态判断其答题可信度。学习者的生理信号也能反映学习者的答题情绪状态，可以用来分析学习者是真正掌握了该知识点而回答正确还是侥幸回答正确，以此来获取学习者真正的认知状态。

参考文献

[1]　CORBETT A, ANDERSON J. Knowledge tracing: Modeling the acquisition of procedural knowledge[J]. User modeling and user-adapted interaction, 1994, 4(4): 253-278.

[2]　CEN H. Generalized learning factors analysis: improving cognitive models with machine learning[M]. Pennsylvania: Carnegie Mellon University, 2009.

[3] PIECH C, BASSEN J, HUANG J. Deep knowledge tracing[J]. Advances in neural information processing systems, 2015, 3(3): 19-23.

[4] 刘铁园，陈威，常亮，等. 基于深度学习的知识追踪研究进展[J]. 计算机研究与发展，2022, 59(01): 81-104.

[5] BATTAGLIA P W, HAMRICK J B, BAPST V. Relational inductive biases, deep learning, and graph networks[J]. 2018.

[6] NAKAGAWA H, IWASAWA Y, MATSUO Y. Graph-based knowledge tracing: modeling student proficiency using graph neural network[C]. IEEE/WIC/ ACM International Conference on Web Intelligence, 2019.

[7] PANDEY S, KARYPIS G. A self-attentive model for knowledge tracing[J]. 2019.

[8] CHOI Y, LEE Y, CHO J. Towards an appropriate query, key, and value computation for knowledge tracing[C]. Proceedings of the Seventh ACM Conference on Learning, 2020.

[9] 张暖，江波.学习者知识追踪研究进展综述[J].计算机科学，2021, 48(04): 213-222.

[10] ZHOU Y, LI X, CAO Y. LANA: Towards personalized deep knowledge tracing through distinguishable interactive sequences[J]. 2105.06266, 2021.

[11] MINN S, YU Y, DESMARAIS M C. Deep knowledge tracing and dynamic student classification for knowledge tracing[C]. IEEE International conference on data mining, 2018.

[12] LIU S, YU J, LI Q. Ability boosted knowledge tracing[J]. Information Sciences, 2022, 596: 567-587.

[13] ZHANG J, SHI X, KING I. Dynamic key-value memory networks for knowledge tracing[C]. Proceedings of the 26th international conference on World Wide Web, 2017.

[14] LIU Q, HUANG Z, YIN Y. EKT: Exercise-aware knowledge tracing for student performance prediction[J]. IEEE Transactions on Knowledge and Data Engineering, 2019, 33(1): 100-115.

第 4 章　基于评分记录的学习资源适配

4.1　基础知识

4.1.1　评分的性质

学习资源适配中的评分是学习者对学习资源的一种评价形式。例如，学习者对一本教材的评价有 1~5 分，1 分代表很不喜欢，2 分代表不喜欢，3 分代表一般喜欢，4 分代表喜欢，5 分代表很喜欢。评分基本可以反映学习者对学习资源的偏爱程度。

此外，评分中通常包含好的评分和恶意的评分，称之为误导性评分。许多研究表明，恶意学习者提交的关于学习资源的误导性评分信息会降低推荐系统的推荐效果。这些具有误导性的评分可能会损害在线学习平台上的公平性，产生误导和不当建议。目前，许多基于矩阵分解的利用评分信息的推荐模型存在不同程度的性能退化问题。这是因为模型在设计时没有考虑误导性评分，在训练过程中，不可避免地对训练结果造成偏差，因此它是不可靠和有偏见的。如何剔除或筛选这种误导性评分数据也是需要考虑的方面之一。

4.1.2　隐含因子先验估计模型

隐含因子先验估计模型本质上是一种利用学习资源适配中的学习者历史行为之外的边信息（Side Information）作为隐含因子估计的一个辅助信息的模型。下面对一般学习资源适配汇总的边信息进行介绍。

在学习资源的相关页面中有大量与学习资源内容相关的信息，如知识点信息、章节信息、内容介绍、学习资源类型等。这些信息能够有效地帮助学习者的隐含因子做出更为准确的预测，将这类信息统称为边信息，也称为辅助信息或额外信息。

在边信息中，有的信息是很容易进行特征提取与编码的，如电影的类型信息，但同时有不少信息是难以通过一般的模型进行特征提取的，如一些非结构化数据、电影剧情简介和电影海报等。但是一般这类信息中却蕴含着丰富的与电影相关的信息，如与电影类型相比，电影剧情简介显然包含了与电影相关的更为丰富的信息。因此，许多研究者利用深度学习模型对这些非结构化的数据进行特征提取，试图利用这些信息来提高推荐算法的性能。下面以 ConvMF 模型为例分析隐含因子先验估计模型的工作方式。

ConvMF 模型是一个利用电影剧情简介的文本信息进行分析并建立推荐对象相关先验的模型。ConvMF 模型引入了一个卷积神经网络（Convolutional Neural Networks，CNN）对文本信息进行分析，如图 4.1 所示。ConvMF 模型采用了一个简单的 4 层卷积神经网络进行文本特征提取。在嵌入层中，原始文本借助一个预训练的词向量（Word2Vec）模型将文本信息转化为数字信息，并将词语的表示向量进行串联，使一个文本数据堆叠为一个数字矩阵。在卷积层中，ConvMF 模型先采用大量的共享参数的卷积核对文本数据的局部进行特征提取，然后在池化层中对卷积核提取的特征进行下采样操作（最大池化）得到采样的特征。在输出层中，利用一个全连接层将文本信息映射为文本的表示向量。

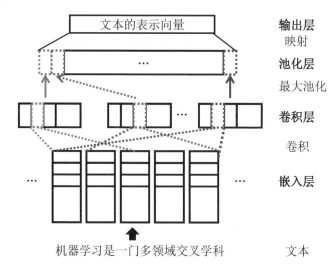

图 4.1　ConvMF 模型中文本处理模块的示意图

如果将文本信息表示为 X，将整个 CNN 模型记为 CNN(·)，那么 CNN 模型的输出即文本的表示向量，可以表示为 CNN(X,W)，其中 W 表示 CNN 中所有参数的集合。该模型的下一步是将得到的文本的表示向量与经典的推荐模型（PMF 模型）进行结合，如图 4.2 所示。

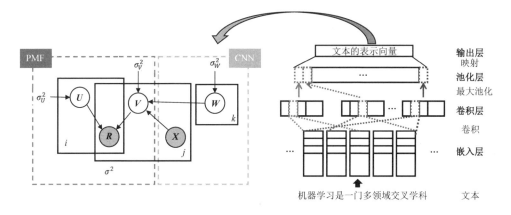

图 4.2　ConvMF 模型中推荐模块的示意图

在 ConvMF 模型中，对象隐含因子的先验信息的定义为

$$p(V \mid X, W, \sigma_V^2) = \prod_{j=1}^{n} N(V_j \mid \mathrm{CNN}(X, W), \sigma_V^2 I) \qquad (4.1)$$

ConvMF 模型也引入了对 CNN 模型中参数 W 的先验假设：

$$p(W \mid \sigma_W^2) = \sum_i N(W_i \mid 0, \sigma_W^2 I) \qquad (4.2)$$

根据最大后验估计的方法得出模型的目标函数为

$$E = \frac{1}{2} \sum_{i=1}^{m} \sum_{j=1}^{n} I_{ij} \left(r_{ij} - U_{i*} \cdot v_{*j} \right)^2 + \frac{\lambda_U}{2} \sum_{i=1}^{m} \sum_{j=1}^{n} \left\| v_{*j} - \mathrm{CNN}(X, W) \right\|_F^2 + \frac{\lambda_W}{2} \left\| W \right\|_F^2 \qquad (4.3)$$

最后模型中的全部参数 U、V、W 可通过最小化式（4.3）计算得到。

本节回顾了一个经典的隐含因子先验估计模型——ConvMF 模型，而类似的建模方法可被用于处理其他的边信息。

4.1.3　基于深度学习的推荐模型

在 4.1.2 节中，不难发现隐含因子先验估计模型利用了深度学习模型进行边信息的特征提取，但本质上是经典的 PMF 模型的扩展。而基于深度学习的推荐模型是利用深度学习模型来构建全新的推荐模型的。基于深度学习的推荐模型利用了许多深度学习模型，如自编码器（AE）、受限玻尔兹曼机（RBM）等，但它们的思路是类似的，因此本节介绍一个典型的基于深度学习的推荐模型——AutoRec 模型，如图 4.3 所示。

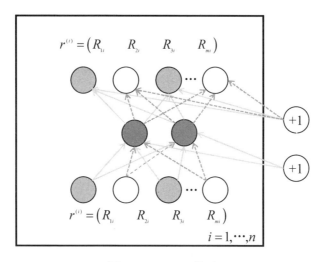

图 4.3　AutoRec 模型

AutoRec 模型是一个经典的利用自编码器模型建立的推荐模型。自编码器模型是一种典型的无监督自学习深度学习模型，它的提出是为了构建一个无监督的特征提取器，因此构建了一个输入约等于输出的模型框架。自编码器模型将输入信息输入至一个神经网络，并将隐含层中神经元的数目设置为小于输入信息的维度，因此输入信息将被神经网络压缩编码为一个低维信息，这个低维信息也被称为核心特征或重要特征。AutoRec 模型根据这些核心特征对数据进行还原，如果还原的输出与输入足够接近，则表明这个基于神经网络的数据压缩模型是有效的。AutoRec 模型正是利用这一思想将自编码器模型用于解决推荐问题。

首先，AutoRec 模型将用户或对象矩阵中的一行或一列信息提取出来，这些信息代表了某个用户或对象所有的历史行为数据，然后将这些数据作为输入信息输入至自编码器，最后利用自编码器进行特征压缩编码与还原。与一般自编码器不同的是，推荐系统中的输入信息存在大量的空缺值，因此在衡量输入和输出误差时仅考虑非空的数据（图 4.3 中的灰色节点）的误差。最终，模型在还原原输入的过程中也会对空缺值进行计算，AutoRec 模型将这些计算得到的空缺值作为预测评分以完成推荐。

AutoRec 模型在实验中表现出了很好的性能，但由于其输入信息为用户或对象的历史行为数据，因此数据维度等于系统中用户或对象的数量，在大规模应用的场景下，这个数值可能会非常大，因此使模型的效率和可用性降低，此外，由于 AutoRec 模型仅针对用户或对象一方的边信息进行建模，所以使另一方的边信息难以融入模型，使模型的扩展性受到了很大的限制。

4.2　基于 CNN 的内容推荐模型

本节针对传统推荐模型中的冷启动问题提出一个基于 CNN 的内容推荐模型，使用多媒体资源中的文本信息作为推荐依据，先利用隐含因子模型根据历史行为数据计算出学习者与学习资源的特征向量，再利用 CNN 将资源中的文本信息与其对应的特征向量进行映射拟合，最后利用训练完成的 CNN 进行推荐。

基于 CNN 的内容推荐模型（CBCNN 模型）包含 3 个主要方面：基于内容的推荐框架，CNN 和隐含因子模型。

4.2.1　基于内容的推荐框架

CBCNN 模型包含 3 个层级结构，层级 1 表示如何计算 CNN 的输入与输出；层级 2 表示 CNN 如何根据其输入与输出进行训练；层级 3 表示新的学习资源是如何被有效推荐的。CBCNN 模型分为两个主要步骤：训练过程与推荐过程。推荐过程依赖于训练过程中所提供的 CNN 进行有效工作。

由图 4.4 可知，CBCNN 模型构建了一个 CNN 模型。为了训练 CNN 模型，首先要计算其输入与输出。对其输入采用语言模型，对其输出采用基于 L_1 范数稀疏性先验的隐含因子模型（Latent Factor Model，LFM）。隐含因子模型的训练数据来自学习者与学习资源间的历史交互数据，可以是显性的评分数据，也可以是通过隐性的行为数据推断的评分。语言模型的训练数据来自学习资源中的文本信息。

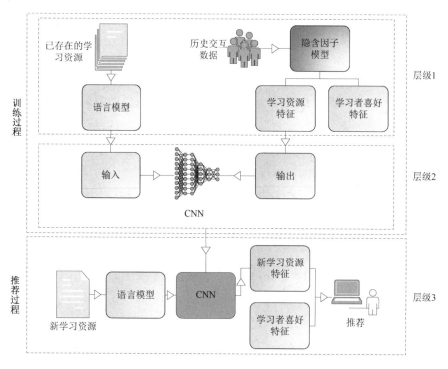

图 4.4　CBCNN 模型的整体结构

4.2.2　CNN

图 4.5 所示的对文本数据进行特征提取的 CNN 模型是一个 4 层的神经网络模型，有两个卷积层，一个局部采样层和一个全连接层。令 $x_i \in \mathbf{R}^k$ 是学习资源的文本信息中第 i 个词的 k 维的词语向量表示，则一个长度为 n 的文本信息可以被表示为 $x = [x_1, x_2, \cdots, x_n]$，$x \in \mathbf{R}^{n \times k}$。一个卷积层中包含了一个特征过滤器 $w \in \mathbf{R}^{s \times k}$，将特征过滤器应用于 s 个词向量并计算其特征值：

$$c_i = f(w \cdot x_i + b) \tag{4.4}$$

其中，$b \in \mathbf{R}$ 为神经网络中的偏置项；f 为非线性激活函数，如 Sigmoid 函数。将特征过滤器应用于文本中的每个词可以产生一个特征图 $c = [c_1, c_2, \cdots, c_{n-s+1}]$，$c \in \mathbf{R}^{n-s+1}$，在特征图 c 上使用随时间进行的局部采样操作，第 2 层采用 λ 局部采样操作：

$$b_i = \max \left\{ c_{(i-1) \times (n/\lambda)+1}, \cdots, c_{i \times (n/\lambda)} \right\}, \quad i \in [1, \lambda] \tag{4.5}$$

第 3 层是一个卷积层，包含了特征过滤器 $w \in \mathbf{R}^{\lambda}$，卷积操作将在

$b = [b_1, b_2, \cdots, b_\lambda]$ 处产生新的特征值：

$$a = f(\boldsymbol{w} \cdot \boldsymbol{b} + b) \tag{4.6}$$

式（4.6）描述了从一个卷积过滤器中提取特征的过程，在本模型中采用大量的卷积过滤器提取大量的特征，将这些特征输入至一个输出为隐含因子的全连接层，即网络的第 4 层。

由于隐含因子模型中的特征向量是实值向量，因此最简单直接的目标函数即最小化真实值与预测值之间的均方误差（Mean Squared Error，MSE）。若令 $\boldsymbol{y}_i'$ 表示文本 i 的隐含因子模型的特征向量，$\boldsymbol{y}_i$ 表示 CNN 的输出值，则其目标函数可以表示为

$$\underset{\boldsymbol{w}, \boldsymbol{b}}{\arg\min} \sum_i \left\| \boldsymbol{y}_i' - \boldsymbol{y}_i \right\|^2 \tag{4.7}$$

其中，$\boldsymbol{w}$ 与 $\boldsymbol{b}$ 表示 CNN 中的全部参数。

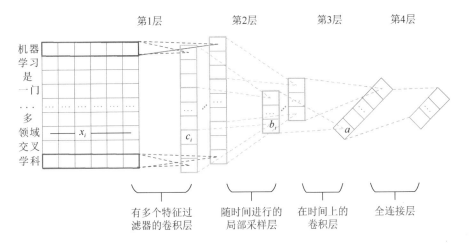

图 4.5　对文本数据进行特征提取的 CNN 模型

第 1 层是有多个特征过滤器的卷积层，第 2 层是随时间进行的局部采样层，第 3 层是在时间上的卷积层，第 4 层是全连接层，其输出即神经网络的输出。

语言模型的作用是将文本信息转化为可计算的数字信息并保留其语义特征。CBCNN 模型使用话题模型作为语言模型。话题模型是一种数学框架，它从大量的文本中挖掘词语的语义特征，并将其映射到部分话题上，从而将每个词语表示为其在各个话题上的概率。CBCNN 模型使用隐狄利克雷分布（Latent Dirichlet Allocation，LDA）的方法训练话题模型。

4.2.3　隐含因子模型

隐含因子模型如图 4.6 所示。隐含因子模型用于获取学习者与学习资源的特征。传统的隐含因子模型中使用向量 2 范数作为正则因子，但是这种正则因子会带来过平滑的问题。在 CBCNN 模型中，由于隐含因子的特征要作为 CNN 的输出进行学习，所以使用平滑的先验约束会使特征不明显，导致 CNN 难以训练，因此使用稀疏先验对结果进行约束更为合理。

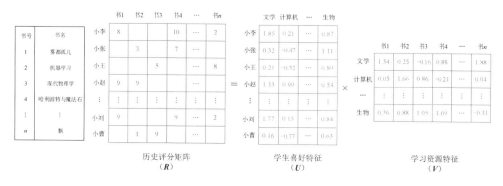

图 4.6　隐含因子模型

结合上述分析，提出改进的矩阵分解方法，使用稀疏先验（矩阵的 L_1 范数）对结果进行约束，模型的目标函数为

$$J(U,V) = \sum_{i,j} \left(U_{i*} \cdot V_{*j} - r_{ij} \right)^2 + \lambda_1 \|U\|_1 + \lambda_2 \|V\|_1 \qquad (4.8)$$

其中，第一项为数据保真项，其余项为正则项。矩阵 U 表示学习者与隐含因子的相关矩阵；矩阵 V 表示学习资源与隐含因子的相关矩阵；r_{ij} 表示第 i 个学习者给第 j 个学习资源的评分数据（只计算存在的评分记录）；λ_1 与 λ_2 是正则因子，可控制目标函数中的约束项与保真项之间的相对强度。为了优化目标函数式（4.8），CBCNN 模型将采用分裂 Bregman 迭代方法（Split Bregman Iteration Method）进行优化求解。分裂 Bregman 迭代方法是一个高效的迭代方法，训练速度也是推荐系统中需要考虑的一个主要问题，下面将讨论如何使用分裂 Bregman 迭代方法求解基于 L_1 范数稀疏性先验的隐含因子模型。

矩阵 R 表示历史行为数据矩阵，其中空缺的值表示学习者没有进行相关评价；矩阵 U 表示学习者与隐含因子的关系矩阵；矩阵 V 表示学习资源与隐含因子间的关系矩阵。

采用交替最小值最优迭代算法分别优化矩阵 U 和矩阵 V。对含有 L_1 范数的关系矩阵 U 采用分裂 Bregman 迭代方法进行优化。首先随机初始化矩阵 U 和 V，然后固定矩阵 V（将矩阵 V 看作常量）优化目标函数式（4.8）中的矩阵 U，最后固定矩阵 U 优化矩阵 V，如此反复直至目标函数收敛，因此，矩阵 U 和 V 的更新迭代是交替进行的。

矩阵 V 固定后，式（4.8）中的目标函数可以改写为

$$J(U) = \sum_{ij}\left(U_{i*} \cdot V_{*j} - r_{ij}\right)^2 + \lambda_1 \|U\|_1 \tag{4.9}$$

为了获取分裂 Bregman 方程，引入辅助变量 d_u 和 b_u，且变量替换为 $d_u = U$，$b_u = d_u - U$：

$$\min_{U,d_U}\|d_U\|_1 + H(U) \tag{4.10}$$

其中：

$$H(U) = \left(\frac{1}{\lambda_1}\sum_{i,j}\left(U_{i*} \cdot V_{*m} - r_{ij}\right)^2\right) + \frac{\theta_U}{2}\|d_U - U - b_U\|^2 \tag{4.11}$$

分裂 Bregman 迭代方法可分解成 3 个简单的步骤：

$$\begin{cases} U^{k+1} = \arg\min_{U} H(U) \\ d_U^{k+1} = \arg\min_{d_U}\|d_U\|_1 + \frac{\theta_U}{2}\|d_U - U - b_U^k\|^2 \\ b_U^{k+1} = b_U^k + U^{k+1} - d_U^{k+1} \end{cases} \tag{4.12}$$

式（4.12）中的第 1 个式子可以使用梯度下降法求解（α 是迭代步长）：

$$U_{im}^{k+1} = U_{im}^k - \frac{\partial H(U)}{\partial U_{im}} \cdot \alpha \tag{4.13}$$

其中：

$$\frac{\partial H(U)}{\partial U_{im}} = \frac{1}{\lambda_1}\sum_{j} 2V_{mj}\left(U_{i*} \cdot V_{*j} - r_{ij}\right) - \theta_U\left(d_{im} - U_{im} - b_{im}^k\right) \tag{4.14}$$

式（4.12）中的第 2 个式子可以通过收缩函数快速求解：

$$d_U^{k+1} = \text{shrink}\left(U^{k+1} + b_U^{k+1}, \frac{1}{\theta_U}\right) \tag{4.15}$$

固定矩阵 U，使用相同的方法优化 $J(V)$。求解过程与式（4.10）～式（4.15）中描述的类似，并将 θ_U、d_U 与 b_U 替换为 θ_V、d_V 与 b_V。

式（4.8）中的参数 λ_1 与 λ_2 控制保真项（第 1 项）和约束项（第 2 与第 3 项），同时分别控制了矩阵 U 与矩阵 V 的稀疏程度。当 λ_1 与 λ_2 增大时，对应的矩阵 U 与矩阵 V 将会变得更为稀疏。分裂 Bregman 迭代方法中引入的参数 θ_U 与 θ_V 控制分裂 Bregman 迭代方法中产生的噪声等级，而参数 θ_U 与 θ_V 的取值可以被设置为 $\beta \cdot \lambda_1$ 与 $\beta \cdot \lambda_2$。

算法 4.1：基于交替最小值最优算法的关系矩阵 U 和 V 的优化方法。

输入：历史行为数据矩阵 R，正则参数 λ_1 与 λ_2，引入参数 θ_U 与 θ_V

1：随机初始化参数 U、V 与 d_U、b_U、d_V、b_V

2：**While** "停止条件" $(J(U^{k+1},V^{k+1})-J(U^k,V^k))/J(U^k,V^k)>=0.001$

    固定矩阵 V

    使用梯度下降法，通过式（4.13）与式（4.14）更新 U^{k+1}

      通过式（4.12）与式（4.15）更新 d_U 与 b_U

    固定矩阵 U

    使用梯度下降法，通过式（4.13）与式（4.14）更新 V^{k+1}

      通过式（4.12）与式（4.15）更新 d_V 与 b_V

   结束 **while**

输出：矩阵 U 和 V

4.2.4　实验分析

1. 数据集与指标

本节将对 CBCNN 模型进行离线测试，测试数据集为 BookCrossing 数据集（见表 4.1），这个数据集是由 Cai-Nicolas Ziegler 搜集的，并将图书简介的信息加入了数据集，图书简介来自亚马逊网站（https://www.amazon.com），BookCrossing 数据集是一个经典的协同过滤数据集，虽然其推荐对象为图书，但是由于其数据来源于真实场景，所以利用图书简介作为其文本信息来验证 CBCNN 模型的性能也十分合适。

表 4.1　BookCrossing 数据集

类　　别	Values
图书数量	10393
用户数量	26387
评分数量	407573
稀疏度	99.85%
图书简介数量	10393
图书简介平均长度	133.7
最短图书简介的词数	50
最长图书简介的词数	2791

数据集中的评分数据是 0～10 之间的整数，分数越高则表示用户对该图书的喜爱程度越高。

在本节的实验中，采用两个常见的离线测试指标评估模型的准确度：均方根误差（Root Mean Square Error，RMSE）与平均绝对误差（Mean Absolute Error，MAE）。

2．模型实现与对比模型

为了评估本节提出的模型（CBCNN 模型），实验将与一些经典的推荐模型和部分最新的模型进行对比。

（1）基于历史行为数据的推荐模型。

隐含因子模型：试验中使用的隐含因子数量为 40，且使用基于 L_1 的约束条件。

经典的基于最近邻的协同过滤（KNN-CF）模型：将采用相关性度量，称之为 KNN-CF-COR，其中 $k=30$。

基于熵的协同过滤（EBCF）模型：是由 Piao 等人提出的，利用基于熵的相似度度量方法构建协同过滤算法，在稀疏度很高的数据集上有着十分良好的表现。本节的实验中 $k=30$。

贝叶斯概率矩阵分解（Bayesian Probabilistic Matrix Factorization，BPMF）：是由 Salakhutdinov 与 Minh 等人提出的。BPMF 是当前最好的协同过滤算法，是以完全的贝叶斯理论进行概率矩阵分解的，能自动调整模型参数与超参数。

所有的基于历史行为数据的推荐模型将从用户（User-Based，UB）与对象（Item-Based，IB）两个方面进行实验。

（2）基于内容的推荐模型。

协同话题回归（Collaborative Topic Regression，CTR）是由 Wang Chong 和 Blei David M.提出的。协同话题回归是最好的基于内容的推荐模型，它使用概率图模型将概率矩阵分解模型与语言话题模型的 LDA 结合在一起。实验中话题数量为 50。

CBCNN 模型是本节提出的推荐模型，CBCNN 模型使用 LDA 作为语言模型，也是模型输入，使用基于 L_1 范数稀疏性先验的隐含因子模型作为输出，使用 CNN 模型作为映射函数。其中，LDA 的话题数量为 100，CNN 有 1000 个卷积过滤器，5 个采样区域，隐含因子模型中隐含因子的个数为 40，λ_1 与 λ_2 分别为 0.01 和 0.0038，β 取 1.5。

实验将随机选取 80%的用户数据作为训练集，剩下的 20%的用户数据作为测试集，对于基于历史行为数据的推荐模型，将采用 5 层交叉验证进行测试，而对于基于内容的推荐模型，将采用完全冷启动的方式进行验证，即 20%的用户数据全部作为测试集。在 Top-N 试验中，$N=5$，且仅选择 10 分的数据作为推荐目标 I_n。

3. 实验结果（见表 4.2 和表 4.3）与讨论

表 4.2　所有基于用户的模型的对比模型的实验结果

模　型	MAE	RMSE
UB-LFM	4.4119	5.9243
UB-CF-COR	4.4219	5.9425
UB-EBCF	2.9676	4.7577
UB-BPMF	2.9584	3.7373
CTR	2.6582	3.6521
CBCNN	2.6032	3.3841

表 4.3　所有基于对象的模型的对比模型的实验结果

模　型	MAE	RMSE
IB-LFM	3.5791	4.8140
IB-CF-COR	3.5486	4.7843
IB-EBCF	2.8566	3.9567
IB-BPMF	2.7263	3.5816
CTR	2.6582	3.6521
CBCNN	**2.6032**	**3.3841**

表 4.2 与表 4.3 显示了所有对比模型在实验中的结果表现，MAE 与 RMSE 两个指标衡量了预测评分与实际评分之间的差距。从两个表中的实验结果可以发现，基于对象的模型普遍要比基于用户的模型的实验结果好，一个可能的原因是对象上的数据密度比用户的数据密度大，使其能够更有效地进行特征提取或相似度度量等。一般来说，由于冷启动是一个推荐系统中的一个大问题，所以基于内容的推荐模型使用完全冷启动的方式可能很难得到好的结果，但是同样从两个表中可以发现，基于内容的推荐方法都取得了不错的成绩，其中，本节提出的 CBCNN 模型在 MAE 与 RMSE 两个指标上都取得了最好的结果。结果表明，CBCNN 模型是一个十分有效的模型。CBCNN 模型中采用了隐含因子模型作为其模型的一部分，但是在结果上，CBCNN 模型却比隐含因子模型的结果要好一些。这也表明了资源的文本数据对推荐系统来说是十分有价值的数据。与最好的基于内容的推荐模型（CTR 模型）相比，CBCNN 模型也取得了更好的结果。这也表明了 CNN 模型在提取文本特征方面比话题模型更加优秀，通过实验可以发现，CBCNN 模型将在学习资源推荐系统中有着十分良好的表现。

4.3　基于隐含反馈嵌入的深度矩阵分解推荐模型

4.3.1　研究内容

矩阵分解利用学习者与学习资源的评分数据对其隐含因子进行估计，进而完成推荐。但是在一般的推荐系统中，学习者与学习资源的评分数据是极度不均衡的，这导致在训练矩阵分解模型与训练不同学习者与学习资源的隐含因子时系统所提供的训练数据也是不均衡的，这直接导致了历史行为数据少的学习者或学习资源的隐含因子质量很差，影响系统精度。针对此问题，本节提出了一个新颖的思路来计算学习者和学习资源的隐含因子，假设学习者与学习资源的隐含因子可由其特征（包括行为特征与其他特征）通过某种特征提取的方式计算得到。因此，构建了两个特征转移函数分别对学习者与学习资源的全部特征进行学习并得到其隐含因子。首先，在训练特征转移函数时可以利用全部的系统历史行为数据，从而缓解数据不均衡对模型的影响，其次，由于所提出的模型是从学习者与学习资源的全部特征作为出发点的，所以模型很容易对额外信息进行扩展，使模型具有扩展性。最后，在对一些新的深度学习推荐框架进行综述时发现大多数基于深度学习的推荐框架在利用历史行为数据时是直接对其邻接矩阵进行计算的，但由于推荐系统数据具有极为稀疏的特性，所以模型的输入十分高维且稀疏，使模型参数规模变得巨大，在深度矩阵分解（Deep Matrix Factorization，DMF）模型中，采用嵌入表示学习的方式试图将高维稀疏的历史行为数据进行表示学习并转化为一个低维稠密数据，极大地减小了模型参数量，提高了模型的计算效率。

为了构建一个高效且能够融合各类边信息的基于深度学习的推荐框架，本节提出了 DMF 模型。首先，提出了隐含反馈嵌入（Implicit Feedback Embedding，IFE）模型，它将极度高维稀疏的隐含反馈数据转化为一个低维实值向量的同时保存其主要特征，之后，DMF 模型构建了两个特征转移函数，由各种输入的特征构建学习者与学习资源的隐含因子，最后 DMF 模型将根据构建的隐含因子对未知评分进行预测，从而完成推荐。

本节提出的 DMF 模型包括以下几个主要创新点。

首先，提出了一种新的 DMF 推荐框架。DMF 推荐框架通过两个特征转移函数结合学习者与学习资源的信息直接估计其隐含因子。DMF 推荐框架使用了双通道架构，使模型能够同时利用学习者与学习资源两方面的各类信息。

其次，提出了隐含反馈嵌入模型，对常见的隐含反馈信息进行编码。隐含反馈嵌入模型将学习者与学习资源的隐含反馈信息网络嵌入到一个低维实值空间中并保存其主要的关系特征，经隐含反馈嵌入模型处理后，DMF 的数据规模、计算规模将急剧降低，从而大幅提高训练效率。

最后，设置了基于真实数据的仿真实验，将 DMF 模型应用于 5 个真实数据集，实验结果表明，DMF 模型的推荐准确率和训练效率均超过了目前最先进的推荐模型。

4.3.2　模型框架

1. DMF 模型的框架（见图 4.7）

DMF 模型可以主要归纳为两个阶段：数据处理阶段和深度矩阵模型阶段，深度矩阵模型阶段的运作依赖于数据处理阶段产生的学习者与学习资源的编码数据。

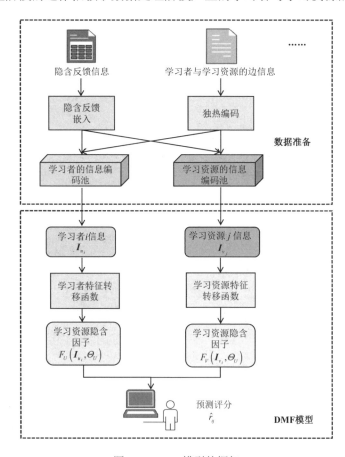

图 4.7　DMF 模型的框架

在数据处理阶段中,隐含反馈被隐含反馈嵌入算法进行编码,同时学习者与学习资源的边信息经过独热编码(One-Hot Encoding)并结合二者编码信息可以生成学习者与学习资源的信息编码池。

在 DMF 模型中,预测评分需要 3 个步骤:首先,从数据处理阶段生成的特征池中抽取目标学习者与学习资源的特征信息;其次,抽取的特征通过所构建的特征转移函数生成学习者与学习资源的隐含因子;最后,由生成的隐含因子对评分进行预测。

2. 隐含反馈嵌入与数据准备

首先对隐含反馈与隐含反馈嵌入进行定义。

定义 1:隐含反馈。隐含反馈代表了学习者与学习资源之间的历史交互行为,而隐含反馈可以被表示为一个无向图 $G=(U,I,E)$,其中, U 和 I 分别表示学习者与学习资源的集合, E 是无向图 G 中所有边的集合,边只在学习者与学习资源之间存在,如图 4.8 所示。

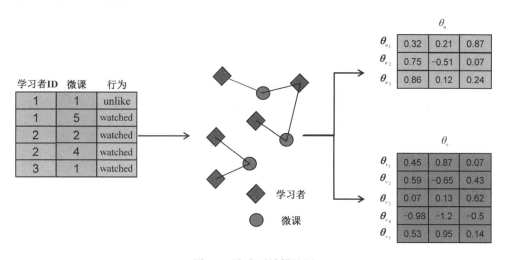

图 4.8　隐含反馈描述图

在隐含反馈图中,边可以是有权的也可以是无权的,这取决于搜集的隐含反馈数据是否存在多种程度不一样的交互行为,因此将隐含反馈图考虑为一个无权、无向的图。而且由于一般的系统中很难搜集到消极的隐含反馈,因此本节的模型将只考虑积极的隐含反馈,并且所有的显示反馈(如评分数据)也都可以被视作一种积极的隐含反馈。

定义 2:隐含反馈嵌入。给定一个隐含反馈图 $G=(U,I,E)$,隐含反馈嵌入的目标

是构建一个学习函数$f:(u,v)\rightarrow k$，其中$u\in U$，$v\in V$，它将每一个学习者与学习资源映射到一个k维的向量上，并且有$k\ll|U|$与$k\ll|V|$。一般来说，隐含反馈信息使用邻接矩阵的方式进行编码，但是这种编码导致推荐系统中的编码结果变得非常高维且稀疏，导致算法性能降低或维度灾难等问题。在使用隐含反馈嵌入算法后，编码将变为低维实值的向量，从而降低模型的参数规模，提高模型的训练与推理速度。

引入符号$\boldsymbol{\theta}_{u_i}$和$\boldsymbol{\theta}_{v_j}$表示学习者$i$与学习资源$j$通过隐含反馈嵌入得到的嵌入编码向量，其中$\boldsymbol{\theta}_{u_i}\in\mathbf{R}^k$，$\boldsymbol{\theta}_{v_j}\in\mathbf{R}^k$，符号$k$表示学习者与学习资源的隐含反馈嵌入的维度。隐含反馈嵌入模型将对随机事件的学习者i和学习资源j是否有正隐含反馈进行建模，这里结合$\boldsymbol{\theta}_{u_i}$和$\boldsymbol{\theta}_{v_j}$并利用逻辑回归（Logistics Regression，LR）模型进行建模，如下所示：

$$p\left(E_{u_i,v_j}\in G\right)=h\left(\boldsymbol{\theta}_{u_i}\cdot\boldsymbol{\theta}_{v_j}^{\mathrm{T}}\right)=\frac{1}{1+\exp\left(-\boldsymbol{\theta}_{u_i}\cdot\boldsymbol{\theta}_{v_j}^{\mathrm{T}}\right)} \tag{4.16}$$

其中，E_{u_i,v_j}代表学习者i与学习资源j的边。

但是训练一个性能优异的机器学习模型只有正例样本是不可行的，负例样本是机器学习模型中不可或缺的一部分。但由于搜集负例样本反馈十分困难，因此引入负例采样（Negative Sampling，NS）技术，并将其用于在隐含反馈嵌入模型中生产一部分负例样本。其中，负例样本的概率表达形式为

$$P\left(E_{u_i,v_j}\in S_{\mathrm{neg}}\right)=1-h\left(\boldsymbol{\theta}_{u_i}\cdot\boldsymbol{\theta}_{v_j}^{\mathrm{T}}\right) \tag{4.17}$$

其中，S_{neg}表示生产负例样本构成的隐含反馈图，而结合起来对于整个训练集的似然函数值可以表示为

$$p(G,S_{\mathrm{neg}}\mid\theta_u,\theta_v)=\prod_{E_{u_i,v_j}\in G}h\left(\boldsymbol{\theta}_{u_i}\cdot\boldsymbol{\theta}_{v_j}^{\mathrm{T}}\right)\cdot\prod_{E_{u_i,v_j}\in S_{\mathrm{neg}}}\left(1-h\left(\boldsymbol{\theta}_{u_i}\cdot\boldsymbol{\theta}_{v_j}^{\mathrm{T}}\right)\right) \tag{4.18}$$

其中，θ_u和θ_v表示学习者与学习资源的嵌入编码向量的集合，而式（4.18）的对数化形式可以写为

$$E_{\mathrm{IFE}}=\log p(G,S_{\mathrm{neg}}\mid\theta_u,\theta_v)=\sum_{E_{u_i,v_j}\in G}\log h\left(\boldsymbol{\theta}_{u_i}\cdot\boldsymbol{\theta}_{v_j}^{\mathrm{T}}\right)+\sum_{E_{u_i,v_j}\in S_{\mathrm{neg}}}\log\left(1-h\left(\boldsymbol{\theta}_{u_i}\cdot\boldsymbol{\theta}_{v_j}^{\mathrm{T}}\right)\right) \tag{4.19}$$

根据极大似然估计（Maximum Likelihood Estimation，MLE）方法，学习者与学习资源的嵌入向量可以通过最大化E_{IFE}来优化求解，如式（4.19）所示。学习者与学习资源的边信息可以较容易地通过独热编码的方式进行编码表示，更进一步，$\boldsymbol{I}_{u_i}$和$\boldsymbol{I}_{v_j}$表示学习者i与学习资源j经过编码整合后得到的信息向量，包括隐含反

馈编码与边信息编码，而此信息向量可表示为

$$\begin{cases} \boldsymbol{I}_{u_i} = \boldsymbol{\theta}_{u_i} \oplus \boldsymbol{\xi}_{u_i} \oplus \cdots \\ \boldsymbol{I}_{v_j} = \boldsymbol{\theta}_{v_j} \oplus \boldsymbol{\xi}_{v_j} \oplus \cdots \end{cases} \tag{4.20}$$

其中，$\oplus$ 为连接符，表示前后向量进行拼接操作；$\boldsymbol{\theta}_{u_i}$ 和 $\boldsymbol{\theta}_{v_j}$ 分别表示学习者 i 与学习资源 j 经 IFE 编码得到的向量；$\boldsymbol{\xi}_{u_i}$ 和 $\boldsymbol{\xi}_{v_j}$ 表示其边信息的编码向量。更进一步，$\boldsymbol{I}_{u_i}$ 和 $\boldsymbol{I}_{v_j}$ 可以进行扩展，将其融入各种有用的信息。例如，对象的内容编码信息、学习者的社交信息等。因此，DMF 模型可以通过这个特点成为一个具有融合各类信息能力的推荐模型。

3. DMF 与特征转移函数

DMF 的评分预测方程可以表示为

$$\hat{r}_{ij} = F_U\left(\boldsymbol{I}_{u_i}, \boldsymbol{\Theta}_U\right) \cdot F_V\left(\boldsymbol{I}_{v_j}, \boldsymbol{\Theta}_V\right)^{\mathrm{T}} + G_{u_i} + G_{v_j} \tag{4.21}$$

其中，$F_U\left(\boldsymbol{I}_{u_i}, \boldsymbol{\Theta}_U\right)$ 和 $F_V\left(\boldsymbol{I}_{v_j}, \boldsymbol{\Theta}_V\right)$ 分别表示学习者 i 与学习资源 j 由特征转移函数生成的隐含因子；$\boldsymbol{I}_{u_i}$ 和 $\boldsymbol{I}_{v_j}$ 表示学习者 i 与学习资源 j 的信息编码，如式（4.20）所示；$\boldsymbol{\Theta}_U$ 和 $\boldsymbol{\Theta}_V$ 表示 F_U 与 F_V 中的参数的集合；G_{u_i} 和 G_{v_j} 表示学习者 i 与学习资源 j 对应的被引入的全局影响因子。假设评分值为学习者与学习资源隐含因子的乘积再结合其全局影响因子所构成，如图 4.9 所示。

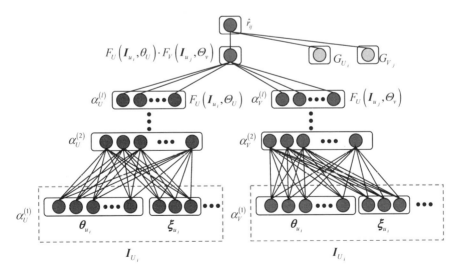

图 4.9　DMF 模型的神经网络架构

假设 DMF 模型中的评分观测误差服从高斯分布（Gaussian Distribution），即 $\varepsilon \sim N\left(0, \delta^2\right)$，则关于 r_{ij} 的条件概率密度函数记作

$$p\left(r_{ij} \mid \Theta_U, \Theta_V, G_{u_i}, G_{v_j}, \delta^2\right) = N\left(r_{ij} \mid \hat{r}_{ij}, \delta^2\right) \tag{4.22}$$

其中，$N\left(0, \delta^2\right)$ 表示高斯分布的概率密度函数，对应均值 μ 和方差 δ^2。因此，将所有观测数据的似然函数记作

$$p\left(r_{ij} \mid \Theta_U, \Theta_V, G_{u_i}, G_{v_j}, \delta^2\right) = \prod_{i=1}^{|U|}\prod_{j=1}^{|I|}\left[N\left(r_{ij} \mid \hat{r}_{ij}, \delta^2\right)\right]^{I_{ij}} \tag{4.23}$$

其中，I 表示指示函数；I_{ij} 只有在 r_{ij} 确定被观察到的情况下等于 1，否则等于 0。为了简化计算过程，使用对数似然函数来代替式（4.23），则有

$$L = \log p\left(\boldsymbol{R} \mid \Theta_U, \Theta_V, G_{u_i}, G_{v_j}, \delta\right)$$

$$= -\frac{1}{2\delta^2}\sum_{i=1}^{|U|}\sum_{j=1}^{|I|}I_{ij}\left(r_{ij} - F_U\left(\boldsymbol{I}_{u_i}, \Theta_U\right) \cdot F_V\left(\boldsymbol{I}_{v_j}, \Theta_V\right)^{\mathrm{T}} - G_{u_i} - G_{v_j}\right)^2 - \tag{4.24}$$

$$\frac{1}{2}\left(\left(\sum_{i=1}^{|U|}\sum_{j=1}^{|I|}I_{ij}\right)\ln\pi\delta^2\right) + C$$

因此，

$$E_{\mathrm{DMF}} = \frac{1}{2}\sum_{i=1}^{|U|}\sum_{j=1}^{|I|}I_{ij}\left(r_{ij} - F_U\left(\boldsymbol{I}_{u_i}, \Theta_U\right) \cdot F_V\left(\boldsymbol{I}_{v_j}, \Theta_V\right)^{\mathrm{T}} - G_{u_i} - G_{v_j}\right)^2 \tag{4.25}$$

其中，C 代表常数，其值不依赖于参数，根据极大似然估计方法，参数 Θ_U、Θ_V、G_{u_i} 和 G_{v_j} 可由最大化式（4.21）得到，同时等价于最小化 DMF 的目标函数式（4.25）。

采用多层感知机（Multi-Layer Perceptron，MLP）模型作为特征转移函数是因为学习者与学习资源的原始信息编码和其代表喜好特征的隐含因子之间还存在着不小的语义鸿沟，并且其过程很有可能是非线性的，而 MLP 模型是一个十分有效的非线性模型，能够将目标分布转化为所需的特征分布。Dropout 技术被引入模型旨在提高 MLP 模型的泛化能力，从而提高 DMF 模型的效果。$F_U\left(\boldsymbol{I}_{u_i}, \Theta_U\right)$ 和 $F_V\left(\boldsymbol{I}_{v_j}, \Theta_V\right)$ 的函数形式与其设置的神经网络结构相关，下面介绍 $F_U\left(\boldsymbol{I}_{u_i}, \Theta_U\right)$ 和 $F_V\left(\boldsymbol{I}_{v_j}, \Theta_V\right)$ 的递归方程：

$$
\begin{cases}
\alpha_U^{(1)} = \boldsymbol{I}_{u_i} \\
m_U^{\zeta} \sim \mathrm{Bernoulli}(\varphi) \\
\tilde{\alpha}_U^{(\zeta)} = \alpha_U^{(\zeta)} \circ m_U^{(\zeta)} \\
\alpha_U^{(\zeta+1)} = \sigma\left(\tilde{\alpha}_U^{(\zeta)} \cdot W_U^{(\zeta+1)} + b_U^{(\zeta+1)}\right), \quad \zeta \in \{1, 2, \cdots, l-1\} \\
F_U\left(\boldsymbol{I}_{u_i}, \boldsymbol{\Theta}_U\right) = \alpha_U^{(l)}
\end{cases}
\tag{4.26}
$$

其中，F_U 设置为一个 1 层的 MLP；$\alpha_U^{(\zeta)}$ 表示第 ζ 层 F_U 的输出，并用 $\alpha_U^{(1)}$ 表示输入层的值，用 $\alpha_U^{(l)}$ 表示输出层的值，即隐含因子；$W_U^{(\zeta)}$ 和 $b_U^{(\zeta)}$ 分别表示第 ζ 层中的参数与偏置；$m_U^{(\zeta)}$ 表示第 ζ 层的 Dropout 外壳，其中 φ 表示 Dropout 操作中的保留率；符号。表示两个矩阵的哈达玛积（Hadamard Product）；将 F_U 中所有的参数汇总并表示为 $\boldsymbol{\Theta}_U$，即 $\boldsymbol{\Theta}_U = \left\{W_U^{(1)}, W_U^{(2)}, \cdots, W_U^{(l)}, b_U^{(1)}, b_U^{(2)}, \cdots, b_U^{(l)}\right\}$；$\sigma(\cdot)$ 表示 MLP 中的激活函数。在 DMF 中，修正性线性单元（Rectified Linear Unit，ReLU）被引入并作为激活函数，其可以被表示为 $\mathrm{ReLU}(x) = \max(0, x)$。

通过同样的方式，$F_V\left(\boldsymbol{I}_{v_j}, \boldsymbol{\Theta}_V\right)$ 可以表示为

$$
\begin{cases}
\alpha_V^{(1)} = \boldsymbol{I}_{v_j} \\
m_V^{\zeta} \sim \mathrm{Bernoulli}(\varphi) \\
\tilde{\alpha}_V^{(\zeta)} = \alpha_V^{(\zeta)} \circ m_V^{(\zeta)} \\
\alpha_V^{(\zeta+1)} = \sigma\left(\tilde{\alpha}_V^{(\zeta)} \cdot W_V^{(\zeta+1)} + b_V^{(\zeta+1)}\right), \quad \zeta \in \{1, 2, \cdots, l-1\} \\
F_V\left(\boldsymbol{I}_{v_j}, \boldsymbol{\Theta}_V\right) = \alpha_V^{(l)}
\end{cases}
\tag{4.27}
$$

在 DMF 模型中，由于引入了边信息，所以 $\boldsymbol{I}_{v_j}$ 和 $\boldsymbol{I}_{u_i}$ 的输入可能有着不同的维度，但是其输出 $F_U\left(\boldsymbol{I}_{u_i}, \boldsymbol{\Theta}_U\right)$ 与 $F_V\left(\boldsymbol{I}_{v_j}, \boldsymbol{\Theta}_V\right)$ 必须具有相同的维度，因此建议将 $F_U\left(\boldsymbol{I}_{u_i}, \boldsymbol{\Theta}_U\right)$ 与 $F_V\left(\boldsymbol{I}_{v_j}, \boldsymbol{\Theta}_V\right)$ 设置为具有相同的隐含结构。

4.3.3　模型优化

1. 隐含反馈嵌入模型的优化

为了解决一些大规模的表示学习问题，采用小批量的随机梯度上升算法（Mini-Batch Gradient Ascent，MBGA）对式（4.19）中隐含反馈嵌入的目标函数进

行优化计算，根据 MBGA 法则，θ_u 和 θ_v 的更新公式可以写为

$$\arg\max E_{\mathrm{IFE}} = \begin{cases} \theta_u \leftarrow \theta_u + \alpha \cdot \dfrac{\partial E_{\mathrm{IFE}}}{\partial \theta_u} \\[2mm] = \theta_u + \alpha \cdot \displaystyle\sum_{E_{u_i,v_j} \in G} \left(1 - h\left(\boldsymbol{\theta}_{u_i} \cdot \boldsymbol{\theta}_{v_j}^{\mathrm{T}}\right)\right) \cdot \theta_{v_j} + \\[2mm] \quad \alpha \cdot \displaystyle\sum_{E_{u_i,v_j} \in S_{\mathrm{neg}}} -h\left(\boldsymbol{\theta}_{u_i} \cdot \boldsymbol{\theta}_{v_j}^{\mathrm{T}}\right) \cdot \theta_{v_j} \\[2mm] \theta_v \leftarrow \theta_v + \alpha \cdot \dfrac{\partial E_{\mathrm{IFE}}}{\partial \theta_v} \\[2mm] = \theta_v + \alpha \cdot \displaystyle\sum_{E_{u_i,v_j} \in G} \left(1 - h\left(\boldsymbol{\theta}_{u_i} \cdot \boldsymbol{\theta}_{v_j}^{\mathrm{T}}\right)\right) \cdot \theta_{u_i} + \\[2mm] \quad \alpha \cdot \displaystyle\sum_{E_{u_i,v_j} \in S_{\mathrm{neg}}} -h\left(\boldsymbol{\theta}_{u_i} \cdot \boldsymbol{\theta}_{v_j}^{\mathrm{T}}\right) \cdot \theta_{u_i} \end{cases} \tag{4.28}$$

其中，α 表示基于梯度的优化方法中的学习率（Learning Rate）；$\{u_i, v_j\}$ 表示在一个小批量中从 G 或 S_{neg} 中采集的样本。

2. DMF 模型的优化

在求解 IFE 模型后，先通过式（4.20）构建 $\boldsymbol{I}_{u_i}$ 和 $\boldsymbol{I}_{v_j}$ 作为 DMF 的输入，之后优化 DMF 的目标函数。采用小批量的梯度下降算法（Mini-Batch Gradient Descent，MBGD）进行高效优化。DMF 中参数的更新公式如式（4.29）和式（4.30）所示。

$$\arg\min E_{\mathrm{DMF}} = \begin{cases} G_{u_i} \leftarrow G_{u_i} - \alpha \cdot \dfrac{\partial E_{\mathrm{DMF}}}{\partial G_{u_i}} \\[2mm] G_{v_j} \leftarrow G_{v_j} - \alpha \cdot \dfrac{\partial E_{\mathrm{DMF}}}{\partial G_{v_j}} \\[2mm] \Theta_U \leftarrow \Theta_U - \alpha \cdot \dfrac{\partial E_{\mathrm{DMF}}}{\partial \Theta_U} \\[2mm] \Theta_V \leftarrow \Theta_V - \alpha \cdot \dfrac{\partial E_{\mathrm{DMF}}}{\partial \Theta_V} \end{cases} \tag{4.29}$$

$$\arg\min E_{\mathrm{DMF}} = \begin{cases} G_{u_i} - \alpha \cdot \dfrac{\partial E_{\mathrm{DMF}}}{\partial G_{u_i}} = G_{u_i} - \alpha \cdot \displaystyle\sum_{i=1}^{|U|} I_{ij}\left(\hat{r}_{ij} - r_{ij}\right) \\[2mm] G_{v_j} - \alpha \cdot \dfrac{\partial E_{\mathrm{DMF}}}{\partial G_{v_j}} = G_{v_j} - \alpha \cdot \displaystyle\sum_{j=1}^{|I|} I_{ij}\left(\hat{r}_{ij} - r_{ij}\right) \end{cases} \tag{4.30}$$

其中，α 表示 MBGD 中的学习率。而 E_{DMF} 对 Θ_U 和 Θ_V 的偏导数方程可以根据链式法则从 MLP 的最后一层往输入层求解，关于 Θ_U 的偏导数方程的递归形式为

$$
\begin{cases}
\dfrac{\partial E_{\mathrm{DMF}}}{\partial b_U^{(\varsigma)}} = \dfrac{\partial E_{\mathrm{DMF}}}{\partial \alpha_U^{(\varsigma)}} \cdot \dfrac{\partial \alpha_u^{(\varsigma)}}{\partial b_U^{(\varsigma)}} \\[2mm]
\qquad\quad = \dfrac{\partial E_{\mathrm{DMF}}}{\partial \alpha_U^{(\varsigma)}} \circ \sigma'\left(\tilde{\alpha}_U^{(\varsigma-1)} \cdot W_U^{(\varsigma)} + b_U^{(\varsigma)}\right) \\[3mm]
\dfrac{\partial E_{\mathrm{DMF}}}{\partial W_U^{(\varsigma)}} = \dfrac{\partial E_{\mathrm{DMF}}}{\partial \alpha_U^{(\varsigma)}} \cdot \dfrac{\partial \alpha_u^{(\varsigma)}}{\partial W_U^{(\varsigma)}} \\[2mm]
\qquad\quad = \tilde{\alpha}_U^{(\varsigma-1)\mathrm{T}} \cdot \left(\dfrac{\partial E_{\mathrm{DMF}}}{\partial \alpha_U^{(\varsigma)}} \circ \sigma'\left(\tilde{\alpha}_U^{(\varsigma-1)} \cdot W_U^{(\varsigma)} + b_U^{(\varsigma)}\right)\right) \\[3mm]
\dfrac{\partial E_{\mathrm{DMF}}}{\partial \alpha_U^{(\varsigma-1)}} = \dfrac{\partial E_{\mathrm{DMF}}}{\partial \alpha_U^{(\varsigma)}} \cdot \dfrac{\partial \alpha_U^{(\varsigma)}}{\partial \alpha_U^{(\varsigma-1)}} \\[2mm]
\qquad\quad = \dfrac{\partial E_{\mathrm{DMF}}}{\partial \alpha_U^{(\varsigma)}} \circ \sigma'\left(\tilde{\alpha}_U^{(\varsigma-1)} \cdot W_U^{(\varsigma)} + b_U^{(\varsigma)}\right) \circ W_U^{(\varsigma)\mathrm{T}} \circ m_U^{(\varsigma-1)}
\end{cases}
\tag{4.31}
$$

类似地，关于 Θ_V 的偏导数方程的递归形式可以表示为

$$
\begin{cases}
\dfrac{\partial E_{\mathrm{DMF}}}{\partial b_V^{(\varsigma)}} = \dfrac{\partial E_{\mathrm{DMF}}}{\partial \alpha_V^{(\varsigma)}} \cdot \dfrac{\partial \alpha_V^{(\varsigma)}}{\partial b_V^{(\varsigma)}} \\[2mm]
\qquad\quad = \dfrac{\partial E_{\mathrm{DMF}}}{\partial \alpha_V^{(\varsigma)}} \circ \sigma'\left(\tilde{\alpha}_V^{(\varsigma-1)} \cdot W_V^{(\varsigma)} + b_V^{(\varsigma)}\right) \\[3mm]
\dfrac{\partial E_{\mathrm{DMF}}}{\partial W_V^{(\varsigma)}} = \dfrac{\partial E_{\mathrm{DMF}}}{\partial \alpha_V^{(\varsigma)}} \cdot \dfrac{\partial a_v^{(\varsigma)}}{\partial W_V^{(\varsigma)}} \\[2mm]
\qquad\quad = \tilde{\alpha}_V^{(\varsigma-1)\mathrm{T}} \cdot \left(\dfrac{\partial E_{\mathrm{DMF}}}{\partial \alpha_V^{(\varsigma)}} \circ \sigma'\left(\tilde{\alpha}_V^{(\varsigma-1)} \cdot W_V^{(\varsigma)} + b_V^{(\varsigma)}\right)\right) \\[3mm]
\dfrac{\partial E_{\mathrm{DMF}}}{\partial \alpha_V^{(\varsigma-1)}} = \dfrac{\partial E_{\mathrm{DMF}}}{\partial \alpha_V^{(\varsigma)}} \cdot \dfrac{\partial \alpha_V^{(\varsigma)}}{\partial \alpha_V^{(\varsigma-1)}} \\[2mm]
\qquad\quad = \dfrac{\partial E_{\mathrm{DMF}}}{\partial \alpha_V^{(\varsigma)}} \circ \sigma'\left(\tilde{\alpha}_V^{(\varsigma-1)} \cdot W_V^{(\varsigma)} + b_V^{(\varsigma)}\right) \circ W_V^{(\varsigma)\mathrm{T}} \circ m_V^{(\varsigma-1)}
\end{cases}
\tag{4.32}
$$

其中，σ' 表示 MLP 中激活函数的导函数，而输出对 F_U 和 F_V 的偏导数方程可以表示为

$$\begin{cases} \dfrac{\partial E_{\text{DMF}}}{\partial \alpha_U^{(l)}} = \dfrac{\partial E_{\text{DMF}}}{\partial \Phi_U\left(F_{u_i}, \Theta_U\right)} \\ \qquad = \sum_i \sum_j I_{ij}\left(\hat{r}_{ij} - r_{ij}\right) \cdot \Phi_V\left(F_{v_j}, \Theta_V\right) \\ \dfrac{\partial E_{\text{DMF}}}{\partial \alpha_V^{(l)}} = \dfrac{E_{\text{DMF}}}{\partial \Phi_V\left(F_{v_j}, \Theta_V\right)} \\ \qquad = \sum_i \sum_j I_{ij}\left(\hat{r}_{ij} - r_{ij}\right) \cdot \Phi_U\left(F_{u_i}, \Theta_U\right) \end{cases} \tag{4.33}$$

4.3.4　实验及结果分析

1. 实验设置

（1）评价指标介绍。

推荐系统的评价中有很多指标代表推荐系统各个不同的方面,如预测准确率、覆盖率、惊喜度等。在实验中主要考虑预测评分与真实评分之间的误差大小,因为这个指标可以很明确地衡量推荐模型对特征的提取与利用能力。在实验中,将采用两个常见的用于衡量预测准确率的指标:MAE 与 RMSE,其中,MAE 与 RMSE 的值越小表示其误差越小, 相应的推荐模型的准确率越高。

（2）对比模型介绍。

在本次实验中,将对以下 8 个推荐模型进行对比实验。

Mean 模型。Mean 模型每个预测评分都等于测试集中评分的平均值, 这个模型作为基线模型之一,用于评判数据集的基本情况, 方便对比其他模型的性能。

PMF 模型。PMF（Probabilistic Matrix Factorization,概率矩阵分解）模型是由 Salakhutdinov、Minh 等人提出的,是最经典与广泛应用的协同过滤推荐模型,其作为一个基线模型,用于与其他模型进行定量比较。

AutoRec 模型。AutoRec 模型是一个基于自编码器的推荐模型, 由 Sedhai、Menon 等人提出,选取 I-AutoRec 作为评价模型是因为 I-AutoRec 有更好的性能。

NADE 模型。NADE（Neural Autoregressive Distribution Estimation,神经自回归分布估计器）模型是由 Uria B、Marc-Alexandre、Gregor K 等人提出的模型,被 Zheng 和 Tang 等人用于解决协同过滤问题。

DLTSR 模型。DLTSR（Deep Learning for Long-tail web Service Recommendations,

基于深度学习的长尾网络服务推荐）模型是由 Bai B 等人提出的，是最新的推荐模型之一。

DMF 模型。为了得到公正有效的评价结果，DMF 模型将仅仅使用数据集中的评分数据进行训练，因为大多数的对比模型都不具备使用其他数据的能力。

（3）实验数据集介绍。

本实验对以下 5 个经典的公开数据集进行测试。

MovieLens-100k 数据集。MovieLens 数据集是由 University of Minnesota 的 GroupLens Research Project 所维护的一个专门用于推荐模型测试的数据集，它也是历史上最广泛应用的推荐系统数据集之一。MovieLens-100k 包含 100000 个匿名的评分记录，涉及 1682 部电影与 943 个用户。该数据集的稀疏度为 93.70%，并且包括用户的边信息（Age、Gender、Occupation）与电影的边信息（Release Date、Genres）。

MovieLens-1M 数据集。MovieLens-1M 数据集同样属于 MovieLens 数据集，但是与 MovieLens-100k 有着不同的数据规模。MovieLens-1M 包含 1000209 条评分数据，它们来自 3900 个用户与 6040 部电影，其稀疏度为 95.75%，包含的边信息与 MovieLens-100k 一致。

Douban-Book 数据集。Douban-Book 数据集是 Douban-50000 数据集中的一个子集，是由 Zhong 等人从豆瓣网搜集的。豆瓣网是中国的一个社交信息网站，包括提供评论与推荐业务，涉及图书、电影、音乐等。DoubanBook 包含 543432 条匿名评分，它们来自 9671 个用户与 8330 本书，其稀疏度为 99.32%。它还包含了额外的 422783 条隐含反馈数据。

Douban-Movie 数据集。Douban-Movie 数据集也是 Douban-50000 数据集中的一个子集，Douban-Movie 包含 2530679 条评分与 543432 条隐含反馈数据，它们来自 13363 个用户与 13530 部电影，其稀疏度为 98.60%。

Douban-Music 数据集。Douban-Music 数据集也是 Douban-50000 数据集中的一个子集，其包含 809000 条评分与 333673 条隐含反馈数据，它们来自 8334 个用户与 11073 部电影，其稀疏度为 98.60%。

所有数据集中的评分数据的评分范围均为[1, 5]，为了得到更加公正的实验结果，本实验将采用 5 种交叉验证的方式进行实验。

（4）实施细节。

所有相关的 6 个测试模型都在 5 个公开数据集上进行了测试。对于 PMF 模型，设置 $\lambda=0.005$，在 MovieLens-100k 上 $k=50$，而在其他数据集上 $k=200$；对于 AutoRec

模型，$\lambda=1$，200 个隐含神经元在 MovieLens-100k 上，500 个隐含神经元在其他数据集上；对于 NADE 模型，设置了 200 个隐含神经元在 MovieLens-100k 上，500 个隐含神经元在其他数据集上；在 DLTSR 模型中，根据原文作者建议，在所有数据集上设置 $a=100$，$\lambda_n=1$，$\lambda_v=10$，$\lambda_w=0.0001$，$c_H=0.1$，并且在 MovieLens-100k 上的神经网络结构为[200,50,200]，其他数据集上的神经网络结构为[500,200,500]；在 DMF 模型中，$\varphi=0.5$，在 MovieLens-100k 中 MLP 结构为[50,200,100]，MovieLens-1M 为 [300,600,300]，豆瓣数据集为[200,400,200]，其中 MLP 的第 1 层的维度等于隐含反馈嵌入模型中嵌入的维度 k；DMF+模型有着与 DMF 模型一样的超参数设定。所有的模型均采用梯度下降算法进行优化，$\alpha=0.02$，批量大小为 128。

所有的实验都在 PC 服务器上进行，服务器配置了 Intel(R) Core(TM) i7-7700KCPU@4.20GHz、NVIDIA GeForce GTX 1080 Ti GPU 和 32 GB RAM，并且所提出的模型由 TensorFlow 框架实现。

2. 实验结果（见表 4.4）与讨论

表 4.3　对比模型在 5 个公开数据集上的效果表现

MovieLens-100k		
模　型	MAE	RMSE
Mean	0.9680	1.1537
PMF	0.7823	0.9701
AutoRec	0.6771	0.9019
NADE	0.6578	0.8984
DLTSR	0.7375	0.9304
DMF	**0.6568**	**0.8918**
MovieLens-1M		
模　型	MAE	RMSE
Mean	0.9335	1.1169
PMF	0.6971	0.8891
AutoRec	0.6214	0.8401
NADE	0.6122	0.8457
DLTSR	0.6709	0.8637
DMF	**0.6107**	**0.8358**
Douban-Book		
模　型	MAE	RMSE
Mean	0.6516	0.8477
PMF	0.6131	0.7791

续表

Douban-Book		
模　　型	MAE	RMSE
AutoRec	0.5788	0.7832
NADE	0.5603	0.7656
DLTSR	0.5267	0.7304
DMF	0.5195	0.7221
Douban-Movie		
模　　型	MAE	RMSE
Mean	0.7570	0.9368
PMF	0.6233	0.7909
AutoRec	0.5900	0.8036
NADE	0.5381	0.7458
DLTSR	0.5160	0.7327
DMF	0.5189	0.7229
Douban-Music		
模　　型	MAE	RMSE
Mean	0.6455	0.7874
PMF	0.5663	0.7192
AutoRec	0.5616	0.7466
NADE	0.4790	0.6776
DLTSR	0.4605	0.6609
DMF	0.4545	0.6529

DMF 模型的准确率分析：对 Mean、PMF、AutoRec、NADE、DLTSR 和 DMF 模型在 5 个公开数据集上的准确度进行了测试，并将最低的 RMSE 的值与 MAE 的值进行了汇总，如表 4.4 所示。从总体上观察，基于深度学习的模型与一般的模型相比，AutoRec、NADE、DLTSR 和 DMF 模型比其他模型有显著的准确性上的提升，可以从表 4.4 中观察得出。与基线模型 PMF 模型相比，DMF 模型在 RMSE 指标上有 5.9%～9.2%的性能提高，而在 MAE 指标上有 12.3%～19.7%的性能提高，并且 DMF 模型在与其他模型对比的过程中取得了一定的优势，同时在训练过程中，DMF 模型具有很快的收敛速度。AutoRe、NADE、DLTSR 模型都将用户的评分历史行为作为输入信息，但是他们都使用邻接矩阵的方式来进行编码，这种方式导致模型的输入信息是极度高维且稀疏的，使模型的参数数量变得极大。与这些模型不同，DMF 模型采用了隐含反馈嵌入模型对历史行为进行编码，使模

型的参数数量减小很多，提高了模型的训练效率，从表中可以观察出 DMF 模型比 AutoRec、NADE 和 DLTSR 模型在训练效率上有着极大的优势。

4.4　研究趋势

信息技术的快速发展不断推动着教育信息化的前进步伐，为加快教育信息化发展规划中的个性化、智能化教育系统的实施，本文在深度学习算法与个性化推荐算法中进行了深入的研究与探索，构建了高效的资源推荐算法，能够有效地提高算法的推荐准确率，为学习者提供智能化、个性化的学习资源服务技术，增强学习者的学习自主性与学习兴趣。本节从以上分析得出基于评分的推荐系统的未来研究趋势如下。

（1）对不同类别的推荐算法之间的融合问题还未解决，即如何使不同类别的推荐算法进行融合，使最终的模型能够克服各算法的不足，保留各算法的优点。

（2）如何在同一数据集下利用其他的相关辅助信息也是值得思考的问题。一些学习者与学习资源特有的边信息将作为重点进行更加深入的研究。例如，学习课程往往都会有课程计划或课程规划的信息，这些信息往往是以树结构和文本进行储存的，如何利用这些树结构的文本进行分析也将是一个重要的研究课题。

（3）对误差分布的假设也可以不同。本章将学习者矩阵 U，学习资源矩阵 V 和评分矩阵的隐含因子的先验信息假设为高斯分布。对先验的假设也可以尝试使用其他的分布，如泊松分布、柯西分布、Beta 分布等。

（4）推荐算法的可解释性一直是一个重要的研究课题，学习者在接收适配资源时，如果能够对推荐结果进行相应的解释，那么可以对学习者的学习习惯或学习方式起到一个正面的引导作用。

参考文献

[1] 赵佳男,王楠. 数字学习资源推荐技术研究现状及趋势分析[J]. 北京邮电大学学报（社会科学版），2014, 16(6): 90-96.

[2] RECKER M, Walker A, Lawless K. What do you recommend? Implementation and analyses of collaborative information filtering of web resources for education[J]. Instructional Science, 2003, 31(4): 299-316.

[3] LIU F, SHIH B-J. Learning activity-based e-learning material recommendation system [C]. IEEE International Symposium on Multimedia Workshops, 2007.

[4] LU J. Personalized e-learning material recommender system [C]. The International Conference on Information Technology for Application, 2004.

[5] GOTARDO R, Teixeira C A, Zorzo S D. Ip2 model-content recommendation in web-based educational systems using user's interests and preferences and resources' popularity [C]. Computer Software and Applications, COMPSAC'08 32nd Annual IEEE International, 2008.

[6] 陈敏，余胜泉，杨现民. 泛在学习的内容个性化推荐模型设计[J]. 现代教育技术，2011, 21(6): 13-18.

[7] 徐增林，盛泳潘，贺丽荣. 知识图谱技术综述[J]. 电子科技大学学报，2016, 45(4): 589-606.

[8] 吴鹏飞，余胜泉. 学习资源语义关联关系及其可视化研究[J]. 中国电化教育，2015, (12): 97-104.

[9] TANG T, MCCALLA G.SMART recommendation for an evolving e-learning system: Architecture and experiment[J]. International Journal on elearning, 2005, 4(1): 105.

[10] 余平，管珏琪，徐显龙. 情境信息及其在智慧学习资源推荐中的应用研究[J]. 电化教育研究，2016, 37(2): 54-61.

[11] 吴正洋，汤庸，黄昌勤. 社交网络下学习推荐研究与实践[J]. 中国电化教育，2016, (3): 75-81.

[12] 刘志勇，刘磊，刘萍萍. 一种基于语义网的个性化学习资源推荐算法[J]. 吉林大学学报：工学版，2009, (S2): 391-395.

[13] 姜强，赵蔚，杜欣. 基于用户模型的个性化本体学习资源推荐研究[J]. 中国电化教育，2010, (5): 106-111.

[14] KHRIBI M, JEMNI M, NASRAOUI O. Automatic recommendations for e-learning personalization based on web usage mining techniques and information retrieval [C]. Eighth IEEE International Conference on Advanced Learning Technologies, 2008.

[15] 杨丽娜, 刘科成, 颜志军. 面向虚拟学习社区的学习资源个性化推荐研究[J]. 电化教育研究, 2010, (4): 67-71.

第 5 章　基于评论信息的个性化学习资源适配

5.1　基础知识

评论通常包含了学习者的偏好信息和学习资源的特征信息，这些信息将有助于提高推荐系统的准确性，在缓解推荐系统的数据稀疏问题上起着重要作用。因此，为了提高推荐系统的准确性，许多研究通过引入额外的评论辅助信息来构建更加准确的学习者与学习资源的隐含因子以提高推荐性能。因此，研究如何提取评论信息来提升推荐系统是很值得探索的方向。矩阵分解是推荐系统目前最常用的技术。早期的矩阵分解推荐算法主要通过学习者评分矩阵来构建学习者与学习资源的隐含因子，也就是通过原始评分数据训练出合适的学习者与学习资源的特征向量表示，因此，矩阵分解也称为隐含因子模型。而传统的基于评分的矩阵分解算法因为评分数据的稀疏极大约束了模型的性能，所以通过有限的评分数据是很难学习到准确的学习者与学习资源的隐含因子表示的。因此，基于评论信息的个性化学习资源推荐是目前推荐系统的主要发展方向。

5.1.1　评论信息的来源

随着互联网的发展，各种在线学习平台层出不穷，如中国大学 MOOC、可汗学院、Coursera、edX、清华大学网络学堂、网易云课堂和国家教育资源公共服务平台等。此时，学习者在面临众多选择时往往难以决策，也可能在所处的学习资源海洋中找不到自己真正想要的学习资源。因此，可以在一定程度上解决信息过载问题并根据学习者的喜好进行的学习资源适配应运而生，并在各大 MOOC 平台上得到了广泛的应用。然而，在学习者面临大量的学习资源选择时，即使是最活跃的学习者也可能只是对一小部分的学习资源进行了交互，因此造成学习者与学习资源的交互矩阵非常稀疏，数据稀疏问题使传统的协同过滤很难为学习者进行学习资源适配。一种解决数据稀疏问题的方法是使用学习者的评论信息。在很多使用推荐系统的 MOOC 教育平台中，除了评分信息，学习者可以为其学习过的学习资源写评论，评论信息中往往更能反映学习者对不同方面的偏好信息和学习资源的属性信息，如"这门高等数学的课程目录很有层次，学习路线很清晰，难度由易到难。"。对学习者来说，从该评论信息中不仅可以看出学习者对高等数学这门课程表达的正面情感，还可以知道学习者对于高等数学课程可能更加注重层次感、清晰的路线和难度等方面的表现；对学习资源来说，从该评论信息中可知，高等数学的课程目录层次感、学习路线清晰性和难度设计方面的属性都不错。

5.1.2　评论信息的关系

矩阵分解是一种著名的基于协同过滤的方法，其目的是根据历史行为数据的评分矩阵对合适的学习资源特征和学习者偏好进行建模。尽管这些方法已经表现出了优秀的结果，但它们的性能在实际的应用中也会因为评分矩阵的稀疏性而难以得到提高。

目前，许多研究通过引入多种信息对准确的学习者或学习资源隐含因子进行构建来解决上述问题，并进一步提高推荐的性能，如社交网络、图片和评论信息，即可以通过引入辅助信息对推荐模型中的学习者与学习资源隐含因子进行约束。

依据隐含因子约束的不同，目前的推荐模型可以分为 3 类：单隐含因子（Single Latent Factor，SLF）约束模型、双隐含因子（Double Latent Factor，DLF）约束模型、学习者与学习资源的交互隐含因子（Interactivity Latent Factor，ILF）约束模型。SLF 模型仅利用与学习者或学习资源相关的辅助信息来构建一个准确的学习者或学习资源潜在因子。Fan 等人通过社交网络中不同学习者兴趣的相似性对学习者的隐含因子特征向量进行约束。Kim 等人利用学习资源的描述文本构建了一个更准确的学习资源的隐含因子向量来提高评分预测的准确性，以构建一个准确的项目潜在因素。

DLF 模型可以看作一个双塔结构，同时通过学习者相关的辅助信息和学习资源相关的辅助信息分别对学习者与学习资源的隐含因子进行约束。例如，学习者社交信息和学习资源的描述信息，学习者与学习资源的边信息，学习者与学习资源的描述信息。此外，评论通常包含丰富的关于学习者个人偏好和学习资源的特性信息，使用评论来提取学习资源特征和学习者偏好是缓解数据稀疏问题的有效方法。许多基于 DLF 的研究是通过深度学习技术，使用学习者与学习资源的评论文本对学习者和学习资源的隐含因子进行建模来进一步提高模型的准确性的。事实上，评论文本包含了丰富的学习者与学习资源的语义信息，并且可以看作学习者与学习资源之间的交互行为，即学习者评论也可以看作对学习者与学习资源交互行为的评价。在本书中，评论的这种特性被称为学习者与学习资源的交互性。然而，上述模型忽略了评论是学习者与学习资源之间的交互信息。对此，本书提出了基于交互隐含因子约束的模型，利用学习者评论的交互信息来约束学习者与学习资源的隐含因子。基于评论信息的个性化学习资源推荐过程如图 5.1 所示。

图 5.1　基于评论信息的个性化学习资源推荐过程

此外，评论中通常包含虚假的好评论和坏评论，这些评论在本章中称为误导性评论。许多研究表明，推荐系统通过恶意学习者提交的关于学习资源的误导性评论信息来操纵或诱骗推荐结果。由于经济上的激励，所以在众多的在线教育平台中，许多平台试图通过发布误导性评论来欺骗推荐系统，通过推广他们的目标学习资源进而误导推荐系统预测的结果。这些具有误导性的评论可能会损害在线教育平台的公平性、误导性和不当建议。目前，许多基于矩阵分解和评论信息的推荐模型存在不同程度的推荐准确度性能退化问题。这是因为模型在设计时没有考虑误导性评论，而学习者或学习资源隐含因子的特征表示是从这些错误信息中提取出来的，因此它是不可靠和有偏见的。在一些关于误导性评论的研究中，一些方法通过考虑学习者行为或学习者行为模式的概率分布来提高性能。在Rayana 的工作中，融合了评论文本、时间戳、学习者行为信息等特征来减轻上述问题的影响。然而，这些方法都忽略了误导性评论在语言表达、语法风格等方面有意模仿真实评论的事实，使误导性评论是令人迷惑的。虽然误导性评论可以被学习者刻意隐藏，但是要消除误导性评论与对应的学习者评级行为之间的差异是很困难的。在本章中，将那些对学习者与学习资源的历史评分有很大偏差的评分称为离群值。评分的离群值可以帮助识别误导性评论，因为某个学习者评分与评论信息是具有一致性的，而评分的离群值对应的较大概率是误导性评论的可能性。

5.1.3　评论信息的特点

传统的一些基于词袋模型的推荐模型利用主题模型技术学习评论信息中的主体因子，并将提取的特征与矩阵分解模型融合来进行评分预测。相比于传统的只利用评分数据的模型，这些模型取得了比较好的效果，但还有一些限制。这种基于词袋模型的推荐模型会忽视单词的顺序和局部上下文的信息。考虑 CNN 在特征提取上的巨大成功，基于 CNN 的模型被提出并实现了很好的效果。但是，这些模型都有一个共同的特点是，每次需要训练整个学习者或学习资源的所有信息，这将造成大量的时间复杂度和空间复杂度。当这些模型进行评论特征提取时，也忽略了评论本身的特性。

事实上，评论文本不仅包含了丰富的学习者与学习资源的语义信息，还具备两种特性。本书首次揭示了评论文本的两种特性，如图 5.2 所示。针对评论文本有两个重要观察发现，即评论文本的交互性和稀疏性。图 5.2 中显示了两名学习者对学习资源"高等数学"分别给出了 5 分评分（王同学）和 2 分评分（何同学）。一方面，王同学对"高等数学"给予 5 分评价考虑了该学习资源的多方面因素，如逻辑清晰、内容严谨、通俗易懂等，但何同学对"高等数学"的评论文本只对教学方式和内容两方面满意，因此给了 2 分评分；另一方面，对何同学而言，星级评分也是考虑了"高等数学"的多方面原因后给予 2 分评分，但评论信息中只是包含对"高等数学"题目和解法的描述。这一现象广泛存在于学习者的评分和评论数据中。由此可以看出，学习者的评分行为是对学习资源各方面的一个全方位评分，是学习者在学习资源多个维度评价结果的折中。学习者所撰写的评论文本反映了学习者个人对学习资源多个方面的认可程度。换句话说，当学习者为某个学习资源打分时，涉及学习资源的多个维度，包含从几维到几十维不等。但学习者的评论信息只包含其中的少数维度。因此，本书将评论文本的少数维度特性定义为评论的稀疏性。

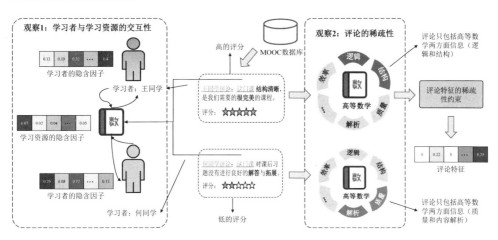

图 5.2　学习者的评论信息的两种特性

与评分一样，评论不仅包含学习者的兴趣和偏好，还包含学习资源的属性信息，它也是一种评价机制。评分信息和评论数据代表学习者对学习资源的行为的两种不同的解释机制，它们事实上是一件事情的两个不同形式的反映，即可把评论信息看成与评分数据一样的交互信息，因此他们的特征向量应该是在一个特征空间下的。由于评论特征具有稀疏性，所以评论往往只是评分数据行为的某几个方面的反映，评论和评分在特征空间的特征表示应该在某些方面上存在特征接近，即在某些特征上特征对齐。因此，从单条评论文本中提取的特征要先和学习者与学习资源隐含因子的 Hadamard 积在同一空间中进行特征对齐，再将评论特征进行稀疏性约束，以达到在某些特征维度上两者接近的目的。

5.2　基于评论表示学习和历史评分行为的置信度感知推荐模型

本节针对传统的仅利用评分数据推荐算法的数据稀疏问题，同时考虑评论信息作为一种交互关系和误导性评论对推荐性能的损害，提出一种基于评论表示学习和历史评分行为的置信度感知推荐模型。利用评论信息的交互性构建了学习者与学习资源的交互隐含因子，通过置信度矩阵来衡量评分离群值与误导性评论之间的关系，进一步提高模型的性能，从而构建更加准确的学习者与学习资源的交互隐含因子，为学习者提供更为精准的资源服务。

5.2.1　研究内容

为了构建一个能提取评论中的交互特征并能降低误导性评论对模型的影响的推荐框架，提出了一个基于评论表示学习和历史评分行为的置信度感知推荐模型（Confidence-Aware Recommender Model，CARM）。它也是一种基于交互隐含因子的新的约束模型。首先通过 CNN 提取单个评论信息。然后将评论隐含因子视为学习者与学习资源隐含因子交互性的先验约束。最后通过评分离群值与误导性评论之间的关系构建置信矩阵，进一步提高模型精度，减少误导性评论对模型构建的影响。

本章提出的 CARM 包括如下几个主要创新点。

首先，评论信息的交互性被揭示，构建了学习者与学习资源的交互性隐含因子。在此基础上，通过评论信息提取的交互性隐含因子来约束学习者与学习资源隐含因子特征。

其次，提出了一个置信度矩阵来度量评分离群值与误导性评论之间的关系，有助于提高推荐系统的性能和健壮性。

最后，选取了 4 个真实的数据集来验证所提出的械的有效性。实验结果表明，该模型在预测精度和训练效率方面均有显著提高。

5.2.2　模型框架

1. CARM 的框架

CARM 可分为 3 个主要模块：置信度矩阵模块、评论隐含因子表示学习模块和置信度感知模块。CARM 的总体框架如图 5.3 所示。

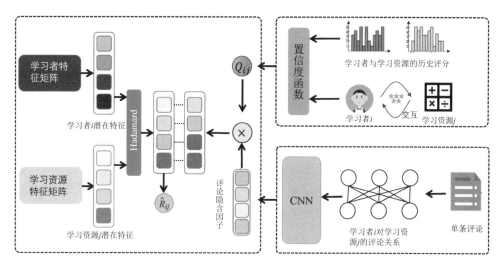

图 5.3　CARM 的总体框架

在置信度矩阵模块中，设计了一个置信度矩阵来度量评分离群值与误导性评论之间的关系，提高了推荐系统的性能和健壮性。在评论隐含因子表示学习模块中，将评论文本输入 CNN，通过 CNN 可以捕获上下文信息并学习每一个单词对最终结果影响的权重值，进而生成评论文本的隐含因子特征向量。在置信度感知模块中，分别对学习者与学习资源的隐含因子向量进行了零均值高斯先验。同时，将它们的 Hadamard 积视为学习者与学习资源之间的交互特征，受到多维高斯先验分布的约束，其均值用带置信度的评论文本特征向量表示。通过对学习者与学习资源潜在因素上的先验信息进行约束，使提取的评论信息能够进一步构建更准确的学习者与学习资源的隐含因子向量。

2. 评论隐含因子表示学习模块

评论隐含因子表示学习模块的目标是通过 CNN 提取学习者评论的特征向量表示。整个模块分为 4 层：带权词向量表示层、卷积层、池化层、输出层，评论隐含因子表示学习模块如图 5.4 所示。

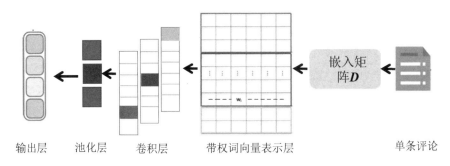

输出层　　池化层　　卷积层　　带权词向量表示层　　　　单条评论

图 5.4　评论隐含因子表示学习模块

第 1 层是带权词向量表示层，通过预训练词向量模型 Word2Vec 将原始的输入文本信息转换为数字信息。首先，嵌入矩阵将输入文本转换为密集的实值矩阵，矩阵的每个列向量是文本中对应词向量的表示，并将该矩阵作为随后卷积层的输入。评论的嵌入矩阵 $\boldsymbol{D} \in \mathbf{R}^{l \times p}$ 的表示如下：

$$\boldsymbol{D} = \begin{bmatrix} & | & | & | & \\ \cdots & \boldsymbol{w}_{i-1} & \boldsymbol{w}_i & \boldsymbol{w}_{i+1} & \cdots \\ & | & | & | & \end{bmatrix} \tag{5.1}$$

其中，l 为输入评论文本的长度；p 为单词的嵌入向量维数大小。事实上，对预训练词向量模型 Word2Vec 中的词向量来说，已经能够准确地描述单词的表征。为了减少模型参数、提高模型效率，同时使网络具有更好的泛化能力，在此，通过引入带权参数 $\varnothing_i$ 来替换词向量的训练方法，而不是预训练词向量模型 word2cev 中原始的词向量，即将 $\varnothing_i$ 视为一个网络中学习的参数，整个网络模型将采用小批量梯度下降算法。这样既保证了模型的训练效率又保证了模型的泛化能力。每个词向量 $\boldsymbol{w}_i$ 被赋予一个值为 $\varnothing_i$ 的权重，因此这一层的输出如下：

$$\boldsymbol{H} = \begin{bmatrix} & | & | & | & \\ \cdots & \varnothing_{i-1}\boldsymbol{w}_{i-1} & \varnothing_i\boldsymbol{w}_i & \varnothing_{i+1}\boldsymbol{w}_{i+1} & \cdots \\ & | & | & | & \end{bmatrix} \tag{5.2}$$

对于参数 $\varnothing_i$，将其初始值设置为 1，固定词向量 $\boldsymbol{w}_i$ 的值不变，通过网络训练词向量的权重值，使最终可以通过每个单词在评论中的权重来反映该单词对评分结果的贡献。

第 2 层是卷积层，其主要目的是提取评论中的上下文特征。上下文特征向量 $c_i^j \in \mathbf{R}$ 通过第 j 个共享权重的卷积核 $\boldsymbol{W}^j \in \mathbf{R}^{t \times p}$ 提取。滑动窗口大小 t 定义了周围单词的数量：

$$c_i^j = \mathrm{Relu}\left(\boldsymbol{W}^j * \boldsymbol{H}_{(:,i:(l+t-1))} + b^j\right) \tag{5.3}$$

其中，i 是评论矩阵上卷积核的当前列索引；$*$是卷积操作；t 是滑动窗口过滤器的大小；$b^j \in \mathbf{R}$ 是卷积核 $\boldsymbol{W}^j$ 对应的偏置值，并使用激活函数 ReLu 来缓解梯度消失的问题。因此，第 j 个卷积核提取的评论文本的特征表示 $c^j \in \mathbf{R}^{l-t+1}$ 如式（5.4）所示：

$$c^j = \left[c_1^j \ c_2^j, \cdots, c_i^j, \cdots, c_{l-t+1}^j\right] \tag{5.4}$$

第 3 层是池化层，也称为下采样层。事实上，前一个卷积层提取的上下文特征向量中会存在很多的冗余和重复特征。因此，为了减少无用的上下文特征向量，采用最大池化提取评论中上下文特征向量中最显著的特征。池化层的输出为

$$d = \left[\max\left(c^1\right), \max\left(c^2\right), \cdots, \max\left(c^j\right), \cdots\right] \tag{5.5}$$

第 4 层是输出层。前 3 层都是学习评论文本的局部特征，为了获得全局特征，使用全相连网络来组合这些局部特征。因此，将池化层的输出结果 $\boldsymbol{d}$ 通过非线性空间映射到 k 维空间中，最终得到评论的隐含因子特征表示，结果为

$$s = \tanh\left(\boldsymbol{W}_2 \cdot \tanh\left(\boldsymbol{W}_1 d + b_1\right) + b_2\right) \tag{5.6}$$

其中，$\boldsymbol{W}_1 \in \mathbf{R}^{h \times m}$、$\boldsymbol{W}_2 \in \mathbf{R}^{k \times m}$ 是权重矩阵；$b_1 \in \mathbf{R}^h$、$b_2 \in \mathbf{R}^k$ 是 $\boldsymbol{W}_1$ 和 $\boldsymbol{W}_2$ 矩阵对应的偏置向量；$s \in \mathbf{R}^h$ 是输出的结果。可以将 CNN 框架看作以原始评论文本作为输入，以评论的隐含因子向量作为输出的函数，如式（5.7）所示：

$$s_{ij} = \mathrm{CNN}_{\Theta}\left(X_{ij}\right) \tag{5.7}$$

其中，Θ 代表卷积神经网络中的所有参数的集合；X_{ij} 表示学习者 i 对学习资源 j 的原始评论文本；s_{ij} 表示单条评论最终的特征表示，即评论的隐含因子。

3. CARM

假设有 m 个学习资源和 n 个学习者，则 CARM 的评分预测模型为

$$\hat{R}_{ij} = \boldsymbol{u}_i \boldsymbol{v}_j^{\mathrm{T}} + \gamma_i + \varphi_j + \tau \tag{5.8}$$

其中，$u_i \in \mathbf{R}^k$ 和 $v_j \in \mathbf{R}^k$ 分别是学习者与学习资源的隐含因子；τ 是一个标量，是所有已知评分的均值；γ_i 和 φ_j 分别是学习者与学习资源的评分的偏置值，即推荐系统的问题就转化为了通过观测到的评分 R_{ij} 预测未知的评分 $\hat{R}_{ij}$。换句话说，只要得到 u_i 和 v_j 的隐含因子的表示，就能对未知学习资源的评分进行预测，并将得分最高的学习资源推荐给学习者，完成整个推荐过程。下面将从概率的角度推导目标模型 CARM。CARM 的概率图模型如图 5.5 所示。

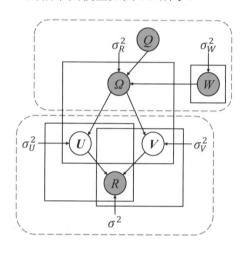

图 5.5　CARM 的概率图模型

评分建模部分：根据 CARM 的评分预测模型式（5.8），若将真实评分与预测评分之间的误差建模为高斯噪声，则训练数据中的观察评分的似然函数可以写为

$$p\left(\boldsymbol{R}|\boldsymbol{U},\boldsymbol{V},\gamma,\varphi,\tau\right)=\prod_{i=1}^{m}\prod_{j=1}^{n}\left[N\left(r_{ij}\middle|\hat{r}_{ij},\sigma^2\right)\right]^{l_{ij}} \tag{5.9}$$

其中，$N(x|\mu,\sigma^2)$ 表示均值和方差分别为 μ 和 σ^2 的高斯概率密度函数；l_{ij} 表示指示函数，如果学习者 i 对学习资源 j 有评分数据，则为 1，反之为 0。

学习者与学习资源建模部分：对于学习资源的隐含因子，假设服从均值为 0 的球形高斯先验分布，由于每个学习资源的隐含因子可以看作是相互独立的，因此所有学习资源的隐含因子构成的矩阵 $\boldsymbol{V}$ 的概率分布为

$$p\left(\boldsymbol{V}|\sigma_V\right)=\prod_{j=1}^{n}N\left(\boldsymbol{v}_j\middle|0,\sigma_V^2\boldsymbol{I}\right) \tag{5.10}$$

对于学习者的隐含因子，可以做同样的假设，因此所有学习者的隐含因子构成的矩阵 U 的概率分布为

$$p\left(U\middle|\sigma_U\right)=\prod_{i=1}^{m}N\left(\boldsymbol{u}_i\middle|0,\sigma_U^2\boldsymbol{I}\right) \tag{5.11}$$

其中，$\sigma_V^2\boldsymbol{I}$ 和 $\sigma_U^2\boldsymbol{I}$ 分别是学习资源隐含因子矩阵 V 和学习者隐含因子矩阵 U 的协方差矩阵。

单条评论建模部分： k 维向量 $\boldsymbol{u}_i\circ\boldsymbol{v}_j$ 表示学习者隐含因子 $\boldsymbol{u}_i$ 和学习资源隐含因子 $\boldsymbol{v}_j$ 的 Hadamard 积，可以被视为学习者 i 对学习资源 j 的交互信息表示。此外，由原始数据可以发现，高评分通常伴随着正面评论，而低评分通常伴随着负面评论，即评分与对应的评论文本之间存在一致性，且两者都代表学习者的一种交互信息。可以认为，$\boldsymbol{u}_i\circ\boldsymbol{v}_j$ 与学习者 i 对学习资源 j 的评论隐含因子表示之间的差异很小。假设它们之间的差异服从高斯分布，则 $\boldsymbol{u}_i$ 和 $\boldsymbol{v}_j$ 的 Hadamard 积满足式（5.12）：

$$\boldsymbol{u}_i\circ\boldsymbol{v}_j=\mathrm{CNN}_\Theta\left(X_{ij}\right)+\varepsilon_R,\ \varepsilon_R\sim N\left(0,\sigma_R^2\boldsymbol{I}\right) \tag{5.12}$$

$\boldsymbol{u}_i\circ\boldsymbol{v}_j$ 的条件概率分布为

$$p\left(\boldsymbol{u}_i\circ\boldsymbol{v}_j\middle|X_{ij},\Theta,\sigma_R^2\right)=N\left(\boldsymbol{u}_i\circ\boldsymbol{v}_j\middle|\mathrm{CNN}_\Theta\left(X_{ij}\right),\sigma_R^2\boldsymbol{I}\right) \tag{5.13}$$

因此，训练集中所有可观测的评论文本数据的条件概率为

$$p\left(U,V\middle|X,\Theta,\sigma_R^2\right)=\prod_{i}^{m}\prod_{j}^{n}N\left(\boldsymbol{u}_i\circ\boldsymbol{v}_j\middle|\mathrm{CNN}_\Theta\left(X_{ij}\right),\sigma_R^2\boldsymbol{I}\right) \tag{5.14}$$

整合式（5.9）～式（5.14），模型的最大后验（Maximum A Posteriori，MAP）概率为

$$p\left(U,V\middle|\boldsymbol{R},X,\gamma,\varphi,\Theta,\sigma,\sigma_U,\sigma_V,\sigma_R\right)$$
$$=\frac{p\left(\boldsymbol{R}\middle|U,V,\gamma,\varphi,\sigma\right)P\left(U\middle|\sigma_U\right)P\left(V\middle|\sigma_V\right)P\left(U,V\middle|X,\Theta,\sigma_R\right)}{p\left(\boldsymbol{R},X,\gamma,\varphi,\Theta,\sigma,\sigma_U,\sigma_V,\sigma_R\right)} \tag{5.15}$$

将最大后验估计引入式（5.15）得

$$\max_{U,V}p\left(U,V\middle|\boldsymbol{R},X,\gamma,\varphi,\Theta,\sigma,\sigma_U,\sigma_V,\sigma_R\right)$$
$$=\max_{U,V}\underbrace{p\left(\boldsymbol{R}\middle|U,V,\gamma,\varphi,\sigma\right)}_{\text{似然概率}}\underbrace{p\left(U\middle|\sigma_U\right)p\left(V\middle|\sigma_V\right)}_{\text{学习者和学习资源先验概率}}\underbrace{p\left(U,V\middle|X,\Theta,\sigma_R\right)}_{\text{评论先验概率}} \tag{5.16}$$

为了方便后续计算并防止数值溢出，对式（5.16）引入负对数得

$$L = \log p\left(\boldsymbol{R}|\boldsymbol{U},\boldsymbol{V},\gamma,\varphi,\sigma\right) + \log p\left(\boldsymbol{U},\boldsymbol{V}|X,\Theta,\sigma_R\right) + \log p\left(\boldsymbol{U}|\sigma_U\right) + \log p\left(\boldsymbol{V}|\sigma_V\right)$$

$$= -\frac{1}{2\sigma^2}\sum_i^m\sum_j^n l_{ij}\left(R_{ij} - \boldsymbol{u}_i\boldsymbol{v}_j^{\mathrm{T}} - \gamma_i - \varphi_j - \tau\right)^2$$

$$= -\frac{1}{2\sigma^2}\sum_i^m\sum_j^n l_{ij}\left(R_{ij} - \boldsymbol{u}_i\boldsymbol{v}_j^{\mathrm{T}} - \gamma_i - \varphi_j - \tau\right)^2 + \frac{1}{2\sigma_U^2}\sum_i^m\left(\boldsymbol{u}_i\right)^{\mathrm{T}}\boldsymbol{I}^{-1}\boldsymbol{u}_i - \tag{5.17}$$

$$\frac{1}{2\sigma_V^2}\sum_j^n\left(\boldsymbol{v}_i\right)^{\mathrm{T}}\boldsymbol{I}^{-1}\boldsymbol{u}_j - C$$

经过一些化简操作后，常数项 C 可以被省略，因此去掉无关变量后，式（5.17）的最终目标函数为

$$E_{\mathrm{CARM}-C} = \sum_i^m\sum_j^n\frac{l_{ij}}{2}\left(R_{ij} - \hat{R}_{ij}\right)^2 +$$

$$\frac{\lambda_R}{2}\sum_i^m\sum_j^n\left\|\left(\boldsymbol{u}_i\circ\boldsymbol{v}_j - \mathrm{CNN}_{\Theta}\left(X_{ij}\right)\right)\right\|_F^2 + \tag{5.18}$$

$$\frac{\lambda_U}{2}\sum_i^m\left\|\boldsymbol{u}_i\right\|_F^2 + \frac{\lambda_V}{2}\sum_j^n\left\|\boldsymbol{v}_j\right\|_F^2$$

其中，λ_U、λ_V、λ_R 分别被设置为 σ^2/σ_U^2、σ^2/σ_V^2、σ^2/σ_R^2；$\|\cdot\|_F^2$ 为向量的 Frobenius 范数。

然而，评论文本中通常包含许多对模型构建有害的误导性评论。因为并不是所有的评论对模型构建的影响是等同的，所以可以通过引入一个置信度矩阵来衡量每个评论对模型的贡献程度。在置信度矩阵中，元素值代表对每条评论的信任程度，评分矩阵中离群值对应的评论被给予低置信度，反之亦然。因此对应的能量函数改写为

$$E_{\mathrm{CARM}} = \sum_i^m\sum_j^n\frac{l_{ij}}{2}\left(R_{ij} - \hat{R}_{ij}\right)^2 +$$

$$\sum_i^m\sum_j^n Q_{ij}\frac{\lambda_R}{2}\left\|\left(\boldsymbol{u}_i\circ\boldsymbol{v}_j - \mathrm{CNN}_{\Theta}\left(X_{ij}\right)\right)\right\|_F^2 + \tag{5.19}$$

$$\frac{\lambda_U}{2}\sum_i^m\left\|\boldsymbol{u}_i\right\|_F^2 + \frac{\lambda_V}{2}\sum_j^n\left\|\boldsymbol{v}_j\right\|_F^2$$

其中，Q_{ij} 为矩阵 $\boldsymbol{Q}$ 中的元素值，这些值将在下一节详细确定。

4. 置信度矩阵

置信度矩阵中的元素值由置信度函数 $F(\cdot)$ 计算得到，$F(\cdot)$ 的值代表不同评论对模型的贡献水平，且矩阵中的每个元素值表示离群评分值的导数值。矩阵 $\boldsymbol{Q}$ 可以看作对每个评论文本的正则化调整。其中，置信度矩阵 $\boldsymbol{Q}$ 中的元素值被缩放到 [0,1] 区间。

一方面，对于那些可能真实的评论应给予较大的置信度值，以便能更好地从评论表示学习中学习评论的交互信息。另一方面，对于那些大概率是误导性的评论应给予小的置信度值，以便减少这些误导性评论对模型的影响，主要通过评分数据对模型建模来保证模型的准确性。因此，式（5.20）的置信度函数 $F(\cdot)$ 决定了矩阵 $\boldsymbol{Q}$ 中的元素值：

$$Q_{ij} = F\left(R_{ij},\beta\right) = \begin{cases} e^{-\mathrm{ReLu}\left(\left|\overline{\sum\limits_{p\neq j,\ R_{ip}\leqslant 3} R_{ip}} - R_{ij}\right| - \beta\right) - \mathrm{ReLu}\left(\left|\overline{\sum\limits_{q\neq i,\ R_{qj}\leqslant 3} R_{qj}} - R_{ij}\right| - \beta\right)}, & R_{ij} \leqslant 3 \\[4mm] e^{-\mathrm{ReLu}\left(\left|\overline{\sum\limits_{p\neq j,\ R_{ip}>3} R_{ip}} - R_{ij}\right| - \beta\right) - \mathrm{ReLu}\left(\left|\overline{\sum\limits_{q\neq i,\ R_{qj}>3} R_{qj}} - R_{ij}\right| - \beta\right)}, & R_{ij} > 3 \end{cases} \quad (5.20)$$

其中，β 代表偏差的一个阈值，在本章中设置为 0.8。误导性评论主要包含虚假的好评论和坏评论。当学习者给某学习资源打了较高分时，并且这个分数很大偏离了学习者的历史高分行为平均值和该学习资源的历史平均值，则该评分为离群点的可能性较高。因此，相应的评论也被给予较低的权重。置信度矩阵的确定过程如图 5.6 所示。

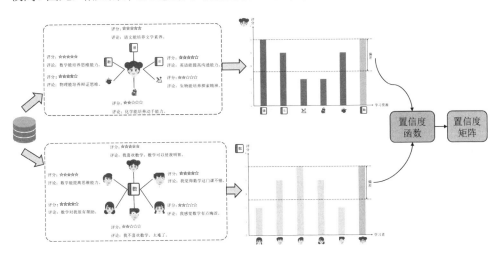

图 5.6　置信度矩阵的确定过程

5.2.3 模型优化和超参数

1. 模型优化

为了求解推荐算法中特征表示学习的问题，采用小批量随机梯度下降算法对式（5.19）进行优化求解，CARM 中所有变量的更新规则如下。

U 的更新：估计 U 的子问题对应于最小化等式：

$$E_{\text{CARM}}^{U} = \sum_{i}^{m}\sum_{j}^{n}\frac{l_{ij}}{2}\left(R_{ij}-\hat{R}_{ij}\right)^2 + \frac{\lambda_U}{2}\sum_{i}^{m}\left\|\boldsymbol{u}_i\right\|_F^2 + \frac{\lambda_R}{2}\sum_{i}^{m}\sum_{j}^{n}Q_{ij}\left\|\boldsymbol{u}_i\circ\boldsymbol{v}_j-\text{CNN}_{\Theta}\left(X_{ij}\right)\right\|_F^2 \tag{5.21}$$

参数 $\boldsymbol{u}_i$ 的更新规则为

$$\begin{aligned}
\boldsymbol{u}_i &\leftarrow \boldsymbol{u}_i - \alpha\frac{\partial E_{\text{CARM}}^{U}}{\partial \boldsymbol{u}_i} \\
&= \boldsymbol{u}_i - \alpha\left[\sum_{j}^{n}l_{ij}\left(R_{ij}-\hat{R}_{ij}\right)^2\cdot\boldsymbol{v}_j + \lambda_U\boldsymbol{u}_i + \right. \\
&\quad \left. \sum_{j}^{n}l_{ij}Q_{ij}\lambda_R\left(\boldsymbol{u}_i\circ\boldsymbol{v}_j-\text{CNN}_{\Theta}\left(X_{ij}\right)\circ\boldsymbol{v}_j\right)\right]
\end{aligned} \tag{5.22}$$

V 的更新：因为 U 和 V 是等价的，所以关于 V 的目标函数对应式（5.23）：

$$E_{\text{CARM}}^{V} = \sum_{i}^{m}\sum_{j}^{n}\frac{l_{ij}}{2}\left(R_{ij}-\hat{R}_{ij}\right)^2 + \frac{\lambda_v}{2}\sum_{i}^{n}\left\|\boldsymbol{v}_i\right\|_F^2 + \frac{\lambda_R}{2}\sum_{i}^{m}\sum_{j}^{n}Q_{ij}\left\|\boldsymbol{u}_i\circ\boldsymbol{v}_j-\text{CNN}_{\Theta}\left(X_{ij}\right)\right\|_F^2 \tag{5.23}$$

因此参数 $\boldsymbol{v}_i$ 的更新规则为

$$\begin{aligned}
\boldsymbol{v}_j &\leftarrow \boldsymbol{v}_j - \alpha\frac{\partial E_{\text{CARM}}^{V}}{\partial \boldsymbol{v}_j} \\
&= \boldsymbol{v}_j - \alpha\left[\sum_{i}^{m}l_{ij}\left(R_{ij}-\hat{R}_{ij}\right)^2\cdot\boldsymbol{u}_i + \lambda_V\boldsymbol{v}_j + \right. \\
&\quad \left. \sum_{i}^{m}l_{ij}Q_{ij}\lambda_R\left(\boldsymbol{u}_i\circ\boldsymbol{v}_j-\text{CNN}_{\Theta}\left(X_{ij}\right)\circ\boldsymbol{u}_i\right)\right]
\end{aligned} \tag{5.24}$$

γ 和 φ 的更新：同理，对 γ 的更新规则为

$$\gamma_i \leftarrow \gamma_i - \alpha \frac{\partial E_{\text{CARM}}^{\gamma}}{\partial \gamma_i} = \gamma_i - \alpha \sum_i^m l_{ij} \left(R_{ij} - \hat{R}_{ij} \right) \tag{5.25}$$

对 φ 的更新规则为

$$\varphi_j \leftarrow \varphi_i - \alpha \frac{\partial E_{\text{CARM}}^{\varphi}}{\partial \varphi_j} = \varphi_j - \alpha \sum_j^n l_{ij} \left(R_{ij} - \hat{R}_{ij} \right) \tag{5.26}$$

Θ 的更新：因为 CNN 的内部参数过于复杂，所以 Θ 的梯度用 $\text{CNN}_{\Theta}\left(X_{ij} \right)$ 的偏导数代替，不再进一步求解：

$$E_{\text{CARM}}^{\Theta} = \frac{\lambda_R}{2} \sum_i^m \sum_j^n Q_{ij} \left\| \boldsymbol{u}_i \circ \boldsymbol{v}_j - \text{CNN}_{\Theta}\left(X_{ij} \right) \right\|_F^2 \tag{5.27}$$

因此，Θ 的更新规则为

$$\begin{aligned} \Theta &\leftarrow \Theta - \alpha \frac{\partial E_{\text{CARM}}^{\Theta}}{\partial \Theta} \\ &= \Theta - \alpha \left[\lambda_R \sum_i^m \sum_j^n Q_{ij} \left(\boldsymbol{u}_i \circ \boldsymbol{v}_j - \text{CNN}_{\Theta}\left(X_{ij} \right) \cdot \frac{\partial \text{CNN}_{\Theta}\left(X_{ij} \right)}{\partial \Theta} \right) \right] \end{aligned} \tag{5.28}$$

其中，α 代表学习率。在所有的参数更新完毕后，可以通过式（5.8）对未知的评分进行预测。CARM 的算法求解过程如算法 5.1 所示：

算法 5.1：CARM

输入：R：学习者的评分矩阵集合；X：评论文本集合

超参数设置：学习率 α，批量大小 b，隐含因子的向量维度 k

1：随机初始化 $\boldsymbol{U}$、$\boldsymbol{V}$、γ、φ、Θ

2：**while not** E_{CARM} 收敛 **do**：

　　在 R 中采集 b 个大小的评分数据作为批量样本，并在 X 中选取与评分数据对应的评论文本；

　　通过评论文本训练评论隐含因子表示学习模块参数，并最终计算出评论隐含因子的特征表示结果 $\text{CNN}_{\Theta}\left(X_{ij} \right)$；

　　根据式（5.22）、式（5.24）、式（5.25）、式（5.26）、式（5.28）用小批量样本更新 $\boldsymbol{U}$、$\boldsymbol{V}$、γ、φ、Θ.

　　end while

输出：$\boldsymbol{U}$、$\boldsymbol{V}$、γ、φ、Θ

---

2. 超参数

在 CARM 中，有 4 个参数需要讨论。k 表示评论文本和学习者与学习资源隐含因子的维度，它控制着模型的表达能力；同时，超参数 φ 是网络中 Dropout 所

引入的参数，用来控制模型的泛化能力；λ_U、λ_V、λ_R 是模型的正则化参数，用来对学习者与学习资源的隐含因子表示进行约束。

目前，有很多针对超参数选择的算法被提出，如 L-curve method、Discrepancy principle 和 Generalized cross-validation 等。本章采用 Generalized cross-validation 算法，在很大范围的超参数集合中验证发现，对不同数据集而言，小范围的超参数变化会对模型有一定影响，这种超参数的确定是启发式的。

5.2.4　实验分析

1. 数据集

本节提出的模型在 4 个公开数据集上进行了对比实验。Yelp_2018 数据集来自于 Yelp challenge 数据集，这是由在线商户点评网站所收集的数据集，其他 3 个数据集 Automotive、Video_Games、Movies_and_TV 来自 Amazon 数据集，这 3 个数据集来自 3 个不同领域的数据。这 4 个公开数据集记录了用户的评分数据（1～5 分）及与此对应的评论数据，其来源于不同的平台和不同的领域，并且来自真实用户的交互行为信息，可以作为对教育学习资源适配算法的验证。因为对 Yelp_2018 和 Movies_And_TV 数据集而言，模型的训练数据过于庞大，对实验环境要求过高，所以对原始的数据集进行一定预处理，选取用户交互行为不少于 20 条的数据。为了得到无偏客观的实验结果，将对 4 个数据集分别按照完整数据集的 80%（训练集的数据）和完整数据集的 20%（测试集的数据）进行划分，并使用 5 折交叉验证技术。

2. 实验设置

对于 CARM，通过 GoogleNews 来初始化单词的词向量，并采用特征表示学习，用共享权值的不同窗口大小的卷积核来提取评论中的特征信息。在模型训练过程中，将 Dropout 设置为 $\varphi=0.5$，隐含因子的维度大小 k 设置为 10，批量训练的大小 b 设置为 256，以及将学习率 α 设置为 0.001。CARM-C 模型参数的设置与 CARM 参数的设置相同。

所有实验均部署在 PC 服务器上运行，相关配置为 Intel(R) Core(TM) i7-7700K CPU@4.2GHz、NVIDIA GeForce GTX 1080Ti GPU 和 32GB RAM，所有模型均通过软件 TensorFlow 来实现。

3. 实验结果与讨论

在 4 个公开数据集上进行准确度测试，并将本节提出的模型与对比模型的评分预测结果进行比较，如表 5.1 和图 5.7 所示。最好的结果用粗体突出显示，并根据评分预测结果从 3 个方面进行对比分析。

表 5.1　将提出的模型与对比模型的评分预测结果进行比较

模　　型	Automotive		Movies_And_TV	
	RMSE	MAE	RMSE	MAE
PMF	1.0768	0.8564	1.0428	0.7878
HFT	1.0222	0.7277	1.0267	0.7579
DeepCoNN	0.9305	0.6925	1.0096	0.7323
NARRE	0.9187	0.6446	0.9947	0.7162
CARL	0.9078	0.6207	0.9831	0.7048
CARM-C	0.9072	0.6152	0.9787	0.6830
CARM	**0.8960**	**0.5965**	**0.9742**	**0.6797**
Δ%	1.30%	3.90%	0.90%	3.56%

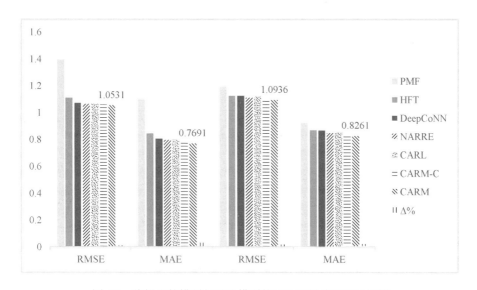

图 5.7　将提出的模型与对比模型的评分预测结果进行比较

首先，从表 5.1 和图 5.7 中可以观察到 HFT、DeepCoNN、NARRE 和 CARL 模型在 RMSE 与 MAE 指标上的度量值小于 PMF 模型的值。前 4 种模型通过引入评论信息和评分数据共同构建推荐模型，而 PMF 模型只考虑评分数据。这也证明了引入评论信息可以进一步提高推荐模型的隐含因子的表达能力。

其次，与使用评分和评分数据的传统方法相比，基于深度学习的模型（如 DeepCoNN、NARRE 和 CARL）在 4 个公开数据集上实现了 RMSE 与 MAE 指标的巨大改进。这也证明了深度学习技术可以更好地提取评论文本中非线性的特征表示。此外，深度学习中的 Dropout 操作也可以避免过拟合问题并能进一步提高模型的潜在性能。

最后，本节提出的模型在表 5.1 中的 MAE 与 RMSE 指标上获得了最低的值。这说明 CARM-C 模型在推荐性能上有一定的提高，也说明从单条评论文本中学习的隐含因子对构建用户和对象的偏好特征是有用的。此外，考虑用户评分行为对评论的置信度影响，引入的置信度矩阵也能进一步提高模型的性能。这也说明了给予可能是误导性评论的特征表示较低的权重有助于实现更准确的推荐模型。从总体观察上看，与 PMF 模型相比，CARM 在 RMSE 与 MAE 指标上分别实现了 6.6%～25.6%与 10.1%～30.3%的性能提高，同时可以看出，在 MAE 和 RMSE 指标上，CARM 的预测性能也优于 CARM-C 模型，其原因是 CARM 减少了误导性评论对模型构建的影响。因此，本节提出的模型比所有基线模型的性能都要好。

5.3 基于评论特征表示学习的高效深度矩阵分解模型

本节分析了评论信息本身的特点，提出基于评论特征表示学习的高效深度矩阵分解模型，揭示了学习者评论的两个特性。首先，评论信息可以认为是学习者的一种评价行为，也称为评论的交互性。其次，评论信息只是学习者对学习资源偏好的部分描述，是一种稀疏性的特征表示，在本节称为评论的稀疏性。因此，利用带有单词注意力机制的 CNN 提取单个评论的交互特征。考虑评论信息是一个稀疏特征，使用 L_0 范数来约束评论。此外，利用最大后验估计理论构造损失函数并引入交替最小化算法对损失函数进行优化，构建更加准确的学习者与学习资源的隐含因子，为学习者提供更为个性化的学习资源推荐服务。

5.3.1　研究内容

为了构建一个高效的推荐模型，本节充分利用评论，提出一个新的基于 L_0 范数评论特征学习的推荐模型——高效深度矩阵分解（Efficient Deep Matrix Factorization，EDMF）模型。此外，本节还揭示了评论的交互性和稀疏性，并构建了一个新的推荐模型。首先，EDMF 模型利用带有单词注意力机制的 CNN 来提取单个评论的交互特征。其次，考虑评论信息是一个稀疏特征，使用 L_0 范数来约束评论特征向量，并利用最大后验估计理论构造了损失函数。最后，引入交替最小化算法对损失函数进行优化。在多个公开数据集上的实验结果表明，该模型具有较好的工业应用效果。

本节提出的 EDMF 模型的主要创新点如下。

（1）引入矩阵分解技术的单个评论特征表示向量提取学习者和条目之间的评论特征。该框架可以提高训练效率，充分利用评论的交互性特征。

（2）针对评论信息只能部分反映学习者偏好的特性，提出一种基于 L_0 范数的评论建模方法对评论文本特征进行稀疏约束。

（3）为了验证 EDMF 模型的性能，选取了 4 个具有代表性的公开数据集进行对比实验。实验结果表明，EDMF 模型在预测精度和训练效率方面都有显著提高。

5.3.2　模型框架

1. 基于 L_0 范数约束的 EDMF 模型

基于 L_0 范数约束的 EDMF 模型可以分为 3 个主要模块：评论特征表示学习、隐含因子表示学习和基于稀疏性约束的评分预测。下面将从模块的角度和概率的角度分别介绍 EDMF 模型。

从模块的角度看，EDMF 模型可以总结为 3 个部分：评论特征表示学习、隐含因子表示学习和基于稀疏性约束的评分预测。在评论特征表示学习中，首先通过带注意力机制的 CNN 提取单个评论的上下文特征。然后对单个评论文本特征进行稀疏性约束，并将其与学习者和学习资源的隐含因子特征表示在空间上进行特征对齐。在基于稀疏性约束的评分预测中，利用融合评论信息和 MF 模型对未知的学习资源进行评分预测。基于 L_0 范数约束的 EDMF 模型总体框架如图 5.8 所示。

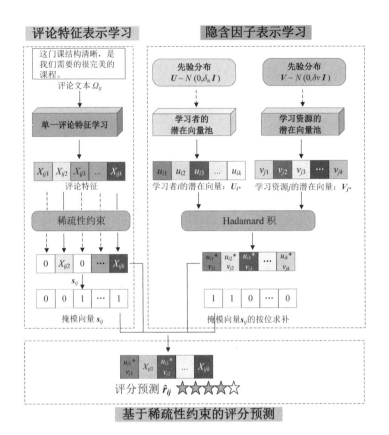

图 5.8　基于 L_0 范数约束的 EDMF 模型总体框架

　　从概率的角度看，近年来，利用先验概率密度函数作为先验约束的最大后验概率估计方法被广泛应用于参数估计。它在不适定反问题中起着关键作用，并广泛应用于实践环境。受此启发，对推荐模型引入最大后验概率估计来进行参数优化。最终通过评论和评分数据对学习者与学习资源的隐含因子进行优化：

$$\max_{U,V} p\big(\boldsymbol{U},\boldsymbol{V}\big|\boldsymbol{R},\varOmega,\varGamma_U,\varGamma_V,W,\varPhi,\delta,\delta_U,\delta_V,\sigma\big) \tag{5.29}$$

应用贝叶斯公式，式（5.29）改写为

$$\max_{U,V} p\big(\boldsymbol{U},\boldsymbol{V}\big|\boldsymbol{R},\varOmega,\varGamma_U,\varGamma_V,W,\varPhi,\delta,\delta_U,\delta_V,\sigma\big)$$

$$= \max_{U,V} \underbrace{p\big(\boldsymbol{R}\big|\boldsymbol{U},\boldsymbol{V},\varGamma_U,\varGamma_V,\delta\big)}_{\text{似然概率}}\underbrace{p\big(\boldsymbol{U}\big|\delta_U\big)p\big(\boldsymbol{V}\big|\delta_V\big)}_{\text{似然概率}} \tag{5.30}$$

$$\underbrace{p\big(\boldsymbol{U},\boldsymbol{V}\big|\varOmega,W,\varPhi\big)p\big(W,\varPhi\big|\varOmega,\delta_S\big)}_{\text{似然概率}}$$

由式（5.30）可知，需要定义 3 个先验概率密度函数。其定义分别在后续给出。

2. 评论特征表示学习

单条评论特征学习：通过带注意力机制的卷积操作学习者单条评论中的语义信息特征。带有 L_0 范数约束的评论特征学习如图 5.9 所示，由 5 层组成：带注意力机制的嵌入层、卷积层、池化层、全连接层、输出层。

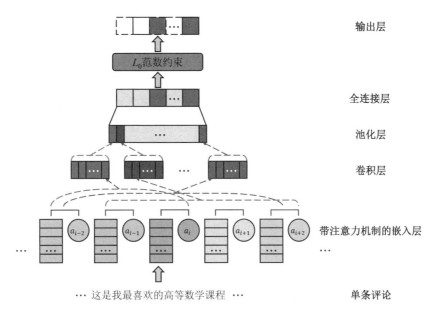

图 5.9　带有 L_0 范数约束的评论特征学习

在带注意力机制的嵌入层中，一个预训练词向量模型（Word2Vec）被用于将原始的文本信息转化为词向量的评论矩阵 $\boldsymbol{D} \in \mathbf{R}^{l \times d}$。利用词注意力矩阵 $\boldsymbol{\Phi} \in \mathbf{R}^{l \times l}$ 来表示每个词在最终的评论特征向量的贡献，如式（5.31）所示：

$$\boldsymbol{D} \circ \boldsymbol{\Phi} = \begin{bmatrix} & | & | & | & \\ \cdots & \varnothing_{i-1} d_{i-1} & \varnothing_i d_i & \varnothing_{i+1} d_{i+1} & \cdots \\ & | & | & | & \end{bmatrix} \tag{5.31}$$

在卷积层中，使用多个共享卷积过滤器提取每个单词的上下文特征。其中，第 j 个卷积过滤器 $\boldsymbol{W}^j$ 提取的上下文特征为 c_i^j，卷积过滤器每滑动一步，对每个局部上下文滑动窗口执行卷积操作：

$$c_i^j = \boldsymbol{W}^j * \left(\boldsymbol{D} \circ \boldsymbol{\Phi}\right)_{(:, i:(i+t-1))} + b^j \tag{5.32}$$

其中，i 表示过滤器在当前评论矩阵的索引值（$i=0,1,\cdots,T-t$）；$*$ 表示卷积算子；$b_j \in \mathbf{R}$ 表示 $\boldsymbol{W}^j$ 的偏置；t 表示卷积过滤器滑动窗口的长度。

在池化层中对卷积核提取的特征进行下采样操作。通过前 3 层已经学习了评论的局部特征，为了提取全局特征，通过全连接层来提取这些局部特征。因此，可以将评论特征表示视为式（5.33）的函数：

$$s_{ij} = \text{CNN}_{W,\boldsymbol{\Phi}}\left(\Omega_{ij}\right) \tag{5.33}$$

其中，W 和 $\boldsymbol{\Phi}$ 分别代表 CNN 中的参数和评论中的注意力机制矩阵；Ω_{ij} 表示学习者 i 对学习资源 j 的评论文本。最后，输出层对全连接层的结果施加 L_0 范数约束，以获得最终的评论特征表示。

带 L_0 范数评论特征表示： 在之前的分析中，评论和评分之间的特征是不对等的。评分是学习者的一种全局性评价，通过学习者隐含因子 U_{i*} 和学习资源隐含因子 V_{j*} 的 Hadamard 积表示，即 $U_{i*}\circ V_{j*}$。而评论具有稀疏性的特征，其提取的特征只能部分反映学习者的偏好，换句话说，从单条评论文本中提取的特征可能只包含几个重要的值。因此，评论特征值的个数需要被限制，而这种约束条件与数学上 L_0 范数对元素的约束一致。对评论特征的 L_0 范数约束，实际上是对其向量的非零元素的约束，这也可以被认为是一种稀疏性约束。因此，很自然地对评论特征向量 s_{ij} 施加 L_0 范数先验约束。$L_0\left(s_{ij}\right)$ 表示 s_{ij} 经过 L_0 范数约束的结果，它保留了评论中的部分特征向量，并以此来约束学习者与学习资源隐含因子的 Hadamard 积 $\left(U_{i*}\circ V_{j*}\right)$。稀疏性约束是通过限制单个评论特征表示的向量中非零向量的数量来实现的，即 $L_0\left(s_{ij}\right)$ 可以表示为

$$C\left(s_{ij}\right) = \#\left\{(i,j,q)\big|s_{ijq}\neq 0\right\} \tag{5.34}$$

其中，q 表示向量的索引；$\#\{\cdot\}$ 表示计数操作，输出的是 s_{ij} 向量中非零元素的个数，即评论特征向量的 L_0 范数。

3. 隐含因子表示学习

似然函数： 假设所有评分数据是独立同分布的，全都服从高斯分布 $\varepsilon\sim N\left(0,\delta^2\right)$。在这个假设下，观测评分的概率密度函数被写为

$$p\left(\boldsymbol{R}|\boldsymbol{U},\boldsymbol{V},\Gamma_U,\Gamma_V,\delta\right) = \prod_{j=1}^{M}\prod_{i=1}^{N}\left[N\left(R_{ij}\big|\hat{R}_{ij},\delta^2\right)\right]^{l_{ij}} \tag{5.35}$$

其中，l_{ij} 表示指示函数，当其为 1 时，表示评分存在，反之，表示评分不存在。

先验概率： 对于概率密度函数，学习者与学习资源的隐含因子被假设为零均值的高斯分布，如式（5.36）和式（5.37）所示：

$$p\left(\boldsymbol{U}\big|\delta_U\right)=\prod_{i=1}^{N} N\left(\boldsymbol{U}_{i*}\big|0,\delta_U^2\boldsymbol{I}\right) \tag{5.36}$$

$$p\left(\boldsymbol{V}\big|\delta_V\right)=\prod_{j=1}^{M} N\left(\boldsymbol{V}_{j*}\big|0,\delta_V^2\boldsymbol{I}\right) \tag{5.37}$$

其中，$\delta_V^2\boldsymbol{I}$ 和 $\delta_U^2\boldsymbol{I}$ 分别表示学习资源和学习者隐含因子矩阵 $\boldsymbol{V}$ 和 $\boldsymbol{U}$ 的协方差矩阵。

4. 基于稀疏性约束的评分预测

带 L_0 范数先验概率的评论：通过前面对 L_0 范数的特征分析，对评论的 L_0 范数先验概率约束可表示为 $p(\boldsymbol{U},\boldsymbol{V}|\Omega,\boldsymbol{W},\Phi)P(\boldsymbol{W},\Phi|\Omega,\delta_s)$，$\delta_s$ 表示 L_0 范数稀疏性约束中的参数。

为了后续计算，对式（5.30）取负对数。因此，最大后验估计被重新表述为式（5.38）的损失函数：

$$\begin{aligned}
L_{\text{EDMF}}=&\sum_{j}^{M}\sum_{i}^{N}\frac{l_{ij}}{2}\left(R_{ij}-\hat{R}_{ij}\right)^2+\frac{\lambda_U}{2}\left|\boldsymbol{U}\right|_F^2+\frac{\lambda_V}{2}\left|\boldsymbol{V}\right|_F^2+\\
&\frac{\lambda_U}{2}\sum_{j}^{M}\sum_{i}^{N}l_{ij}\left\|\left(\boldsymbol{U}_{i*}\circ\boldsymbol{V}_{j*}-\boldsymbol{s}_{ij}\right)\circ\text{mask}\left(\boldsymbol{s}_{ij}\right)\right\|_F^2+\lambda_S\sum_{j}^{M}\sum_{i}^{N}l_{ij}L_0\left(\boldsymbol{s}_{ij}\right)
\end{aligned} \tag{5.38}$$

其中，$|\cdot|_F^2$ 表示 Frobenius 范数的平方；$\boldsymbol{s}_{ij}$ 表示经过 L_0 范数约束后的 k 维向量；$L_0\left(\boldsymbol{s}_{ij}\right)$ 表示 $\boldsymbol{s}_{ij}$ 中非零元素的个数；函数 $\text{mask}\left(\boldsymbol{s}_{ij}\right)$ 能够标记出 $\boldsymbol{s}_{ij}$ 中非零元素在向量中的位置；$\boldsymbol{s}_{ij}$、λ_S、λ_U、λ_V 和 λ_R 参数用来平衡正则化项和保真项。

评论长度的考虑：在一定程度上，评论长度与评论的置信度成正比。一般来说，越长的评论包含的信息就越多，对特征提取就越有价值。因此，考虑评论长度对模型的影响得出的模型称为 EDMF+模型，可以写为

$$\begin{aligned}
L_{\text{EDMF+}}=&\sum_{j}^{M}\sum_{i}^{N}\frac{l_{ij}}{2}\left(R_{ij}-\hat{R}_{ij}\right)^2+\frac{\lambda_U}{2}\left|\boldsymbol{U}\right|_F^2+\frac{\lambda_V}{2}\left|\boldsymbol{V}\right|_F^2+\\
&\frac{\lambda_R}{2}\sum_{j}^{M}\sum_{i}^{N}l_{ij}\left\|\left(\boldsymbol{U}_{i*}\circ\boldsymbol{V}_{j*}-\boldsymbol{s}_{ij}\right)\circ\text{mask}\left(\boldsymbol{s}_{ij}\right)\right\|_F^2\cdot\\
&\log\left(\text{len}\left(\Omega_{ij}\right)\right)+\lambda_S\sum_{j}^{M}\sum_{i}^{N}l_{ij}C\left(\boldsymbol{s}_{ij}\right)
\end{aligned} \tag{5.39}$$

其中，$\text{len}\left(\Omega_{ij}\right)$ 表示评论的长度。

5.3.3 模型优化和超参数

由于 L_0 范数是非凸函数，所以使用传统的优化方法求解式（5.38）和（5.39）是困难的。受益于启发，一个高效的半二次方分裂交替最小化算法被引入式（5.38）和（5.39）。

1．模型优化

由于 L_0 范数是一个难解的问题，所以直接对式（5.38）求解很困难。在此将通过引入中间变量来近似求解，使优化后的模型能够适用于传统的梯度下降算法，即根据交替最小算法，通过分别最小化 U、V、s_{ij} 和 M_{ij}，也就是固定前一次迭代获得的值来训练新的变量，如此反复直至数值收敛。

子问题 U。 子问题 U 所对应的最小化函数为

$$
\begin{aligned}
L_U &= \sum_j^M \sum_i^N \frac{l_{ij}}{2}\left(R_{ij}-\hat{R}_{ij}\right)^2 + \frac{\lambda_U}{2}|U|_F^2 \\
&+ \frac{\lambda_R}{2}\sum_j^M\sum_i^N l_{ij}\left\|\left(U_{i*}\circ V_{j*}-s_{ij}\right)\circ \mathrm{mask}\left(s_{ij}\right)\right\|_F^2
\end{aligned}
\tag{5.40}
$$

式（5.40）是一个二次函数，可以直接通过梯度下降算法优化求解。因此 U_{i*} 的更新规则为

$$
\begin{aligned}
U_{i*} &\leftarrow U_{i*}-\alpha\frac{L_U}{\partial U_{i*}} \\
&= U_{i*}-\alpha\left\{\sum_j^M\frac{l_{ij}}{2}\left(R_{ij}-\hat{R}_{ij}\right)^2 \cdot V_{j*}+\lambda_U U_{i*}+\right. \\
&\quad \left.\sum_j^M l_{ij}\lambda_R\left[\left(U_{i*}\circ V_{j*}-s_{ij}\right)\circ \mathrm{mask}\left(s_{ij}\right)\circ V_{j*}\right]\right\}
\end{aligned}
\tag{5.41}
$$

子问题 V。 因为 U 和 V 是等价的，所以子问题 V 所对应的最小化函数可写为

$$
\begin{aligned}
L_V &= \sum_j^M \sum_i^N \frac{l_{ij}}{2}\left(R_{ij}-\hat{R}_{ij}\right)^2 + \frac{\lambda_V}{2}|V|_F^2 + \\
&\quad \frac{\lambda_R}{2}\sum_j^M\sum_i^N l_{ij}\left\|\left(U_{i*}\circ V_{j*}-s_{ij}\right)\circ \mathrm{mask}\left(s_{ij}\right)\right\|_F^2
\end{aligned}
\tag{5.42}
$$

式（5.42）同样是一个二次函数，因此其更新规则为

$$V_{j*} \leftarrow V_{j*} - \alpha \frac{L_V}{\partial V_{j*}}$$

$$= V_{j*} - \alpha \left\{ \sum_j^M \frac{l_{ij}}{2} \left(\boldsymbol{R}_{ij} - \hat{\boldsymbol{R}}_{ij} \right)^2 \cdot \boldsymbol{U}_{i*} + \lambda_V V_{j*} + \right. \tag{5.43}$$

$$\left. \lambda_R \sum_j^M l_{ij} \left[\left(\boldsymbol{U}_{i*} \circ \boldsymbol{V}_{j*} - \boldsymbol{s}_{ij} \right) \circ \mathrm{mask} \left(\boldsymbol{s}_{ij} \right) \circ \boldsymbol{U}_{i*} \right] \right\}$$

子问题 s_{ij}。 由于式（5.38）中含有 L_0 范数，所以此式的最小化无法直接求解。于是通过引入与 s_{ij} 相同维度的辅助变量 $\boldsymbol{M}_{ij}$ 对式（5.38）近似计算以使问题更容易求解和更新。因此式（5.38）可表示为

$$L_{\mathrm{EDMF}} = \sum_j^M \sum_i^N \frac{l_{ij}}{2} \left(\boldsymbol{R}_{ij} - \hat{\boldsymbol{R}}_{ij} \right)^2 + \frac{\lambda_U}{2} |\boldsymbol{U}|_F^2 + \frac{\lambda_V}{2} |\boldsymbol{V}|_F^2 +$$

$$\frac{\lambda_R}{2} \sum_j^M \sum_i^N l_{ij} \left\| \left(\boldsymbol{U}_{i*} \circ \boldsymbol{V}_{j*} - \boldsymbol{s}_{ij} \right) \circ \mathrm{mask} \left(\boldsymbol{s}_{ij} \right) \right\|_F^2 + \tag{5.44}$$

$$\lambda_S \sum_j^M \sum_i^N l_{ij} C \left(\boldsymbol{M}_{ij} \right) + \beta \sum_j^M \sum_i^N l_{ij} \left\| s_{ij} - \boldsymbol{M}_{ij} \right\|_F^2$$

其中，$C\left(\boldsymbol{M}_{ij}\right) = \#\{(i,j,q) \,|\, M_{ijq} \neq 0\}$；$\beta$ 表示一个可调节的自适应参数，控制向量 $\boldsymbol{M}_{ij}$ 和向量 $\boldsymbol{s}_{ij}$ 之间的相似度。因为式（5.44）是一个可求解的凸问题，所以 s_{ij} 的更新规则为

$$s_{ij} \leftarrow s_{ij} - \alpha \frac{L_{s_{ij}}}{\partial s_{ij}}$$

$$= s_{ij} - \alpha \left\{ \lambda_R \sum_j^M \sum_i^N l_{ij} \frac{\partial \left[\left(\boldsymbol{U}_{i*} \circ \boldsymbol{V}_{j*} - \boldsymbol{s}_{ij} \right) \circ \mathrm{mask} \left(\boldsymbol{s}_{ij} \right) \right]}{\partial s_{ij}} + \right. \tag{5.45}$$

$$\left. 2\beta \sum_j^M \sum_i^N l_{ij} \left(\boldsymbol{s}_{ij} - \boldsymbol{M}_{ij} \right) \right\}$$

子问题 $\boldsymbol{M}_{ij}$。 目标函数式（5.44）关于 $\boldsymbol{M}_{ij}$ 可改写为

$$\min_{\boldsymbol{M}_{ij}} \sum_j^M \sum_i^N l_{ij} \left[\frac{\lambda_S}{\beta} C \left(\boldsymbol{M}_{ij} \right) + \left\| s_{ij} - \boldsymbol{M}_{ij} \right\|_F^2 \right] \tag{5.45}$$

其中，$C\left(\boldsymbol{M}_{ij}\right)$ 表示 $\boldsymbol{M}_{ij}$ 非零元素的个数。这个复杂的子问题事实上可以被快速求

解，因为式（5.46）能在空间中被分解且 M_{ij} 中的每个值 M_{ijq} 能够被单独计算。这个主要受益于分裂求解算法，它可以使可变的问题在经验上是可以求解的。因此，式（5.46）可以被分解为

$$\sum_q^k \min_{M_{ijq}} \sum_j^M \sum_i^N l_{ij} \left[\left\| s_{ij} - M_{ij} \right\|_F^2 + \frac{\lambda_S}{\beta} \cdot H\left(M_{ijq} \right) \right] \tag{5.47}$$

其中，$H\left(M_{ijq} \right)$ 表示一个二元函数，如果 M_{ijq} 不为 0，则返回 1，反之，则返回 0。式（5.47）中 M_{ij} 的每一个值可以写为

$$L_{M_{ijq}} = \left(s_{ijq} - M_{ijq} \right)^2 + \frac{\lambda_S}{\beta} \cdot H\left(M_{ijq} \right) \tag{5.48}$$

式（5.48）在下列条件下使 $\lambda_{M_{ijq}}$ 达到最小：

$$M_{ijq} = \begin{cases} s_{ijq}, & \dfrac{\lambda_S}{\beta} < \left(s_{ijp} \right)^2 \\ 0, & \dfrac{\lambda_S}{\beta} \geqslant \left(s_{ijp} \right)^2 \end{cases} \tag{5.49}$$

可以证明，当 $\lambda_S / \beta \geqslant \left(s_{ijq} \right)^2$ 且 $M_{ijq} \neq 0$ 时，可得

$$\begin{aligned} L_{M_{ijq}} \left(M_{ijq} \neq 0 \right) &= \left(s_{ijq} - M_{ijq} \right)^2 + \frac{\lambda_S}{\beta} \\ &\geqslant \frac{\lambda_S}{\beta} \\ &\geqslant \left(s_{ijq} - M_{ijq} \right)^2 \end{aligned} \tag{5.50}$$

当 $M_{ijq} = 0$ 时，有

$$L_{M_{ijq}} \left(M_{ijq} = 0 \right) = \left(s_{ijq} - M_{ijq} \right)^2 \tag{5.51}$$

比较式（5.50）和式（5.51），当 $M_{ijq} = 0$ 时，得到最小能量函数值 $L_{M_{ijq}}^* = \left(s_{ijq} - M_{ijq} \right)^2$。

当 $\lambda_S / \beta < \left(s_{ijq} \right)^2$ 且 $M_{ijq} = 0$ 时，式（5.51）仍成立。但当 $M_{ijq} = s_{ijq}$ 时，$L_{M_{ijq}} \left(M_{ijq} \neq 0 \right)$ 有最小值 λ_S / β。比较这两个值，当 $M_{ijq} = s_{ijq}$ 时，最小能量函数值为 $L_{M_{ijq}}^* = \lambda_S / \beta$。

通过上述的迭代过程可以计算出向量中每个值的最小损失值 $L_{M_{ijq}}$。综上所述，计算出的式（5.52）的值即式（5.49）的全局最小值：

$$\sum_q^k L_{M_{ijq}} \qquad (5.52)$$

因此，EDMF 模型的交替最小化算法求解的过程如算法 5.2 所示：

算法 5.2：基于评论特征表示学习的 EDMF 模型。

输入：R：学习者的评分矩阵集合；Ω：评论文本集合

超参数设置：学习率 α；批量大小 b；隐含因子的向量维度 k

1：随机初始化矩阵 $\boldsymbol{U}_{i\cdot}$ 和 $\boldsymbol{V}_{j\cdot}$，设置 $\boldsymbol{M}_{ij}=0$

2：**while not** λ_{EDMF} 收敛 **do**：

　while not U，V 收敛 **do**：

　　　通过式（5.13），固定 $\boldsymbol{V}_{j\cdot}$、s_{ij} 和 M_{ijq} 求解 $\boldsymbol{U}_{i\cdot}$

　　　通过式（5.15），固定 $\boldsymbol{U}_{i\cdot}$、s_{ij} 和 M_{ijq} 求解 $\boldsymbol{V}_{j\cdot}$

　　　通过式（5.17），固定 $\boldsymbol{U}_{i\cdot}$、$\boldsymbol{V}_{j\cdot}$ 和 M_{ijq} 求解 s_{ij}

　end while

　通过式（5.21），固定 $\boldsymbol{U}_{i\cdot}$，$\boldsymbol{V}_{j\cdot}$ 和 s_{ij} 求解 M_{ijq}

end while

输出：EDMF 模型

2．超参数

在 EDMF 模型中，有 6 个超参数需要讨论。在评论特征表示中，k 表示评论文本和学习者与学习资源隐含因子的维度，它控制着模型的表达能力，同时，超参数 φ 是网络中的 Dropout 引入的参数，用来控制模型的泛化能力；λ_U、λ_V、λ_R 和 λ_S 是模型的正则化参数，用来对学习者与学习资源的隐含因子表示进行约束。

目前，有很多针对超参数选择的算法被提出，如 L-curve method、Discrepancy principle 和 Generalized cross-validation 等。本节采用 Generalized cross-validation 算法，在很大范围的超参数集合中进行验证，最后发现对不同的数据集而言，小范围的超参数变化会对模型有一定影响，这种超参数的确定是启发式的。

5.3.4　实验分析

1．实验设置

所有的对比实验中对比模型的参数设置均根据其模型所在原文调整为适合的值。对于 EDMF 模型，通过 GoogleNews 来初始化单词的词向量，并采用特征表示学习，用共享权值的不同窗口大小的卷积核来提取评论中的特征信息。在模型训练过程中，将 Dropout 设置为 φ=0.5，隐含因子的维度大小 k 设置为 10。EDMF+模型与 EDMF 模型参数的设置相同。所有实验均部署在 PC 服务器上运行，相关配置为 Intel(R) Core(TM) i7-7700K CPU@4.2GHz、NVIDIA GeForce GTX 1080Ti GPU 和 32GB RAM，所有模型均通过软件 TensorFlow 来实现。

2. 实验结果与讨论

在 4 个公开数据集上进行准确度测试，将本节提出的模型与对比模型的评分预测结果进行比较，如表 5.2 和图 5.10 所示，最佳值和次最佳值分别用粗体和下画线表示，并根据预测结果从 3 个方面进行对比分析。

表 5.2 将提出的模型与对比模型的评分预测结果进行比较

模 型	Automotive		Movies_And_TV	
	RMSE	MAE	RMSE	MAE
PMF	1.0768	0.8564	1.0428	0.7878
HFT	1.0222	0.7277	1.0267	0.7579
DeepCoNN	0.9305	0.6925	1.0096	0.7323
NARRE	0.9187	0.6446	0.9947	0.7162
CARL	<u>0.9078</u>	0.6207	<u>0.9831</u>	0.7048
EDMF	0.9079	<u>0.6057</u>	0.9841	<u>0.6900</u>
EDMF+	**0.8930**	**0.5865**	**0.9762**	**0.6807**

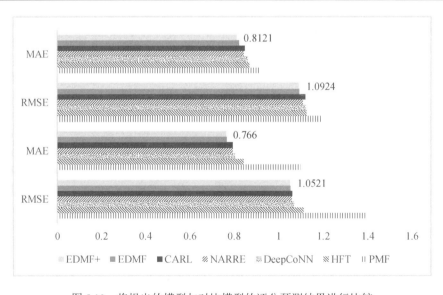

图 5.10 将提出的模型与对比模型的评分预测结果进行比较

首先，从表 5.2 和图 5.10 中可以观察到 HFT、DeepCoNN、NARRE 和 CARL 模型在 RMSE 和 MAE 指标上的度量值小于 PMF 模型的值。前 4 种方法通过引入评论信息和评分数据来共同构建推荐模型，而 PMF 模型只考虑了评分数据。这也就证明了引入评论信息可以进一步提高推荐模型的隐含因子的表达能力。

其次，与使用评分和评分数据的传统方法相比，基于深度学习的模型（如 DeepCoNN，NARRE 和 CARL）在 4 个数据集上实现了 RMSE 和 MAE 指标的巨大改进。这也证明了深度学习技术可以更好地提取评论文本中非线性的特征表示。此外，深度学习中的 Dropout 操作也可以避免过拟合问题并能进一步提高模型的潜在性能。

最后，本章提出的两个模型在表 5.2 中的 MAE 和 RMSE 指标上获得了最低的值。主要原因是评论文本只能部分反映用户评分行为，而这点在之前的模型中都没有考虑。从总体观察上看，与 PMF 模型相比，EDMF 模型在 RMSE 和 MAE 模型分别实现了 6.2%～25.5% 和 10.3%～30.44% 的性能提高。同时可以看出在 MAE 和 RMSE 指标上，EDMF+ 模型在评分预测准确性上优于 EDMF 模型。EDMF+ 模型利用了评论的长度信息，使性能提高了 0.2%～0.6%。鉴于上述分析，本章提出的模型比所有基线模型的性能都要好。

5.4　研究趋势

推荐系统在大数据时代所起的作用不容小觑，在进行个性化学习资源适配时，传统的推荐算法往往面临着数据稀疏的问题，此时，使用学习者在相关教育平台留下的评论信息作为补足信息是很有必要且有帮助的，一方面，评论信息可以对学习者对于学习资源的评分信息进行解释，另一方面，通过评论信息可以更好地学习者的偏好信息和学习资源的属性信息。现存的很多工作也已经证明了利用评论信息的有效性，从这方面工作中可以看出，从利用大而全的所有评论信息到使用注意力机制选择重要的评论、句子甚至是词，再到利用互注意力根据目标选择更加细粒度的评论信息，所构建的模型在逐步改进，在学习者与学习资源表示时使用的评论信息在逐步细化。本节从以上分析得出基于评论的推荐系统未来的研究趋势如下。

（1）编码部分是推荐系统未来的研究难点之一。基于评论的推荐系统研究主要集中在 3 部分：编码部分、融合部分和评分预测部分。对于评论，编码部分是研究的核心问题，如何更好地对评论进行编码对最后的推荐效果具有十分重要的意义。编码主要是对评论句子的一种编码，现有的研究主要集中在句子中的一些关系的研究，未来的研究趋势可能在句子之间的关系上。例如，利用 Transformer 这种复杂的注意力机制模型，通过对长依赖关系的分析与建模可以充分利用不同平台中不同评论信息里的信息，尽可能地反映学习者偏好和学习资源特征，从而更好地提高最后的学习资源适配的效果。

（2）评论的置信度是推荐系统未来的研究趋势之一。基于评论的推荐研究对于评论的依赖性极高，因此对评论的虚假与真实进行有效的区分显得十分关键。评论中一般同时包含了虚假的评论，如虚假的好评或虚假的差评，这些虚假的评论会对推荐的效果产生不好的影响，会产生推荐性能退化的问题。因此，通过对评论进行置信度问题的研究，即区分评论的真实性，可以很好地提高学习资源适配的效果。未来的研究趋势可能在评论的置信度研究上，通过分析鉴别评论的真实性，剔除虚假的评论，保留真实且有效的评论，从而降低虚假的评论对推荐的影响，更好地提高最后的学习资源适配的效果。

（3）学习者对于学习资源的评分信息的关联性也是推荐系统未来的研究趋势之一。在不同学习平台中对同一学习者对不同学习资源的评分信息进行跨平台关联和跨平台关联性的学习资源适配将提高学习资源适配的效率和学习资源适配模型的通用性。在进行跨多个平台的评分信息的关联性分析中，如何有效地保护学习者在不同学习平台中的隐私信息的问题也随之出现，因为在跨平台的数据分析中，很难对信息进行有效保护，所以学习资源适配的隐私保护也是一个值得研究的方向。

参考文献

[1] LING G, LYU M, KING I. Ratings meet reviews, a combined approach to recommend[J]. RecSys 2014-Proceedings of the 8th ACM Conference on Recommender Systems, 2014: 105-112.

[2] WANG C, DAVIDM B. Collaborative Topic Modeling for Recommending Scientific Articles[C]. Proceedings of the 17th ACM SIGKDD International Conference on Knowledge Discovery and Data Mining, 2011.

[3] MCAULEY J, LESKOVEC J. Hidden factors and hidden topics: understanding rating dimensions with review text[C]. Proceedings of the 7th ACM conference on Recommender systems, 2013.

[4] KHAN Z, NIU Z, YOUSIF A. Joint Deep Recommendation Model Exploiting Reviews and Metadata Information[J]. Neurocomputing, 2020, 402: 256-265.

[5] CHEN C, ZHANG M, LIU Y, et al. Neural Attentional Rating Regression with Review-level Explanations[C]. Proceedings of the 2018 World Wide Web Conference on World Wide Web, 2018.

[6] WU L, QUAN C, LI C, et al. A Context-Aware User-Item Representation Learning for Item Recommendation[J]. ACM Transactions on Information Systems, 2019, 37(2): 1-29.

[7] HE X, CHEN T, KAN M, et al. TriRank: Review-aware Explainable Recommendation by Modeling Aspects[C]. 2015.

[8] BOGERS T, BOSCH V A. Collaborative and Content-based Filtering for Item Recommendation on Social Bookmarking Websites[C]. Acm Recsys 09 Workshop on Recommender Systems & the Social Web, 2011.

[9] CLERCQ O, SCHUHMACHER M, PONZETTO S, et al. Exploiting framenet for content-based book recommendation[J]. CEUR Workshop Proceedings, 2014, 1245: 14-20.

[10] MARTINEX A, ARIAS J, VILAS A, et al. What's on TV tonight? An efficient and effective personalized recommender system of TV programs[J]. IEEE Transactions on Consumer Electronics, 2009, 55(1): 286-294.

[11] LEKAKOS G, CARAVELAS P. A hybrid approach for movie recommendation[J]. Multimedia Tools & Applications, 2008, 36(1-2): 55-70.

[12] KOREN Y, BELL R, VOLINSKY C. Matrix Factorization Techniques for Recommender Systems[J]. Computer, 2009, 42(8): 30-37.

[13] MNIH A, SALAKHUTDINOV R. Probabilistic matrix factorization[C]. Advances in neural information processing systems, 2008.

[14] LENG C, ZHANG H, CAI G, et al. Graph regularized Lp smooth non-negative matrix factorization for data representation[J]. IEEE/CAA Journal of Automatica Sinica, 2019, 6(2): 584-595.

[15] GUO T, LUO J, DONG K, et al. Differentially private graph-link analysis based social recommendation[J]. Information Sciences, 2018, 463-464: 214-226.

[16] GUO Z, WANG H. A Deep Graph Neural Network-Based Mechanism for Social Recommendations[J]. IEEE Transactions on Industrial Informatics, 2020, PP(99): 1-1.

[17] HSU C, YEH M, LIN S. A General Framework for Implicit and Explicit Social Recommendation[J]. IEEE Transactions on Knowledge and Data Engineering, 2018, 30(12): 2228-2241.

[18] WU L, CHEN L, HONG R, et al. A Hierarchical Attention Model for Social Contextual Image Recommendation[J]. IEEE Transactions on Knowledge and Data Engineering, 2020, 32(10): 1854-1867.

[19] PEDRONETTE D, TORRES R. Exploiting pairwise recommendation and clustering strategies for image re-ranking[J]. Information Sciences, 2012, 207: 19-34.

[20] KIM D, PARK C, OH J, et al. Deep hybrid recommender systems via exploiting document context and statistics of items[J]. Information Sciences, 2017, 417: 72-87.

[21] FAN W, YAO M, LI Q, et al. Graph Neural Networks for Social Recommendation[C]. The World Wide Web Conference on WWW, 2019.

[22] AGGARWAL C. Attack-Resistant Recommender Systems[M]. Recommender Systems. Berlin: Springer International Publishing, 2016.

[23] JIANG M, CUI P, FALOUTSOS C. Suspicious Behavior Detection: Current Trends and Future Directions[J]. IEEE Intelligent Systems, 2016, 31: 31-39.

[24] MUKHERJEE A, VENKATARAMAN V, LIU B, et al. What yelp fake review filter might be doing?[J]. Proceedings of the 7th International Conference on Weblogs and Social Media, 2013: 409-418.

[25] SANDULESCU V, ESTER M. Detecting Singleton Review Spammers Using Semantic Similarity[C]. International World Wide Web Conferences Steering Committee, 2016.

[26] MUKHERJEE A, BING L, GLANCE B. Spotting Fake Reviewer Groups in Consumer Reviews[C]. Annual Conference on World Wide Web, 2012.

[27] LI H, FEI G, WANG S, et al. Bimodal Distribution and Co-Bursting in Review Spam Detection[C]. International World Wide Web Conferences Steering Committee, 2017.

[28] WU Z, WANG Y, WANG Y, et al. Spammers Detection from Product Reviews: A Hybrid Model[C]. IEEE International Conference on Data Mining, 2016.

[29] RAYANA S, AKOGLU L. Collective Opinion Spare Detection[C]. ACM SIGKDD Intemational Conference, 2015.

[30] HANSEN P. Analysis of Discrete III-Posed Problems by Means of the L-Curve[J]. Siam Review, 1992, 34(4): 561-580.

[31] ENGL H. Discrepancy principles of Tikhonov regularization of ill-posed problems leading to optimal convergence rates[J]. Journal of Optimization Theory and Applications, 1987, 52: 209-215.

[32] GOLUB G, HEATH M, WAHBA G. Generalized Cross-Validation as a Method for Choosing a Good Ridge Parameter[J]. Technometrics, 1979, 21: 215-223.

[33] ABADI M, BARHAM P, CHEN J, et al. TensorFlow: a system for large-scale machine learning[C]. Operating Systems Design and Implementation, 2016.

第6章 融入社交关系感知网络的学习资源适配

6.1 基础知识

基于社交网络的推荐在学术界也被称为社会化推荐,本章将详细探讨如何利用社交网络数据来给学习者进行个性化推荐。主要涉及两点:一是社交网络数据的介绍和使用,二是利用社交网络进行个性化推荐的类型。通过使用社交网络中的数据或特征来给学习者进行推荐有以下两点好处:一是根据学习者的好友信息可以增加推荐的可信度,二是社交网络数据的使用可以大大解决推荐系统中最常见的冷启动问题,同时,在某种程度上也提高了推荐的精准度。

6.1.1 社交关系表征

社交网络的定义是由许多节点构成的一种社会结构。节点通常是指个人或组织,而社交网络代表着各种社会关系。因此,我们可以基于图来定义社交网络。基于社交网络中的社交关系来进行学习资源适配可以很好地对现实社会进行模拟,同时可以对学习者进行学习资源适配以提升学习者对系统的信任度,并且可以利用学习者在社交网络上的社交关系来很好地解决冷启动问题。

社交网络用户行为是用户在对自身需求、社会影响和社交网络技术进行综合评估的基础上做出的使用社交网络服务的意愿,以及由此引起的各种使用活动的总和。用户行为是在线社交网络研究的重要内容。现有的研究主要基于两种思路展开,一种是将在线社交网络作为一种特定的信息技术,研究用户对在线社交网络技术的采纳行为、拒绝行为和用户忠诚;另一种是将在线社交网络视为提供各种服务和应用的平台,研究用户使用各种服务和应用所表现出的特征与规律。

在线社交网络用户忠诚是指用户在使用社交网络服务后能够继续保持使用的习惯。各种层出不穷的新型网络服务带来的竞争压力让保持在线社交网络用户忠诚度越来越困难。截至目前，已经有多种理论被用于在线社交网络用户忠诚的研究，如基于技术接受模型的在线社交网络用户采纳模型（见图 6.1），基于计划行为理论的在线社交网络用户采纳模型（见图 6.2），基于期望确认理论的在线社交网络用户忠诚模型（见图 6.3）和基于心流体验理论的在线社交网络用户忠诚模型（见图 6.4）。其中，期望确认理论和心流体验理论是最受研究者青睐的两种理论。本章将详细介绍上述 4 种模型。

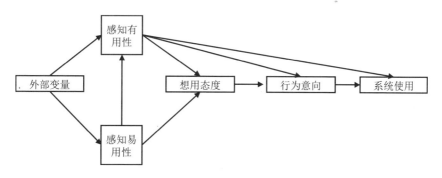

图 6.1　基于技术接受模型的在线社交网络用户采纳模型

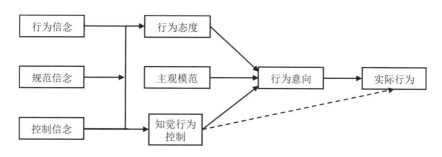

图 6.2　基于计划行为理论的在线社交网络用户采纳模型

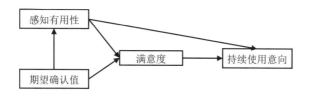

图 6.3　基于期望确认理论的在线社交网络用户忠诚模型

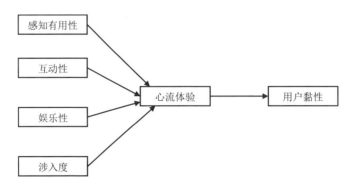

图 6.4　基于心流体验理论的在线社交网络用户忠诚模型

推荐系统是研究两个对象（人与物）及两者之间联系的学科。更具体地说，就是指需要科学地建模用户画像、物品画像，以及通过设计高效的匹配算法（函数）来为特定的用户挑选出合适的物品，因此也可以形象地理解为"两点一线"，"两点"即用户和物品，"一线"即连接用户和物品之间关系的函数。传统的推荐系统不得不从骨感的用户-物品的交互数据中学到"两点一线"，因此在学习的过程中不得不面临数据稀疏和冷启动的问题。

社交网络分析研究的是人与人之间相互作用、相互连接和相互影响的理论。作为传统并骨感的数据的有效补充，社交网络可以丰富从骨感数据中学到的用户画像，以及增强用户与物品之间关系的函数，从侧面丰富"两点一线"。因此，结合社交网络的推荐可以理解为通过利用社交网络分析技术来更好地理解人与人之间的行为、关系等机理，并以此来更好地为合适的人找到合适的物品。

6.1.2　图卷积神经网络

随着计算机性能的不断提高，以 CNN 为代表的深度学习模型在计算机视觉（Computer Vision，CV）和自然语言处理（Natural Language Processing，NLP）等领域都取得了显著成功。由于 CNN 能通过共享的卷积核（Kernel）算子提取有意义的局部特征，所以其在处理二维图像数据时能保持图像的平移不变性和局部相关性。但考虑到图的结构是自然不规则的（非结构化），图卷积神经网络（Graph Convolutional Network，GCN）被提出，将卷积算法推广到图数据上，并且在许多基于图的任务中表现出了其较高的性能和理论优越性。二维卷积和图卷积如图 6.5 所示。

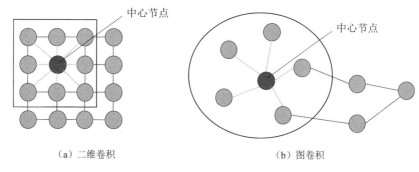

（a）二维卷积　　　　　　　　　　　　　（b）图卷积

图 6.5　二维卷积和图卷积

在二维卷积中，邻域的大小由卷积核确定。中心节点（红色）可通过卷积核对来自周围节点的信息进行汇聚。而在图卷积中，由于图的非结构化特性，中心节点的邻居数量并不确定，所以很难通过普通的卷积核算子进行常规的卷积操作。

为了定义图数据中的卷积，研究者通过图的谱分析对图的拉普拉斯矩阵进行特征分解，进而对图的结构特性进行研究。无向图 G 的图拉普拉斯矩阵 $\boldsymbol{L} = \boldsymbol{D} - \boldsymbol{A}$，其中，$\boldsymbol{D}$ 为度矩阵，是一个对角阵，对角线上的元素为节点的度；$\boldsymbol{A}$ 为节点的邻接矩阵。图 6.6 所示为无向图 G 的拉普拉斯矩阵的构建过程。

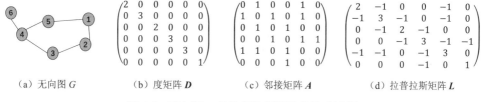

（a）无向图 G　　　　（b）度矩阵 $\boldsymbol{D}$　　　　（c）邻接矩阵 $\boldsymbol{A}$　　　　（d）拉普拉斯矩阵 $\boldsymbol{L}$

图 6.6　无向图 G 的拉普拉斯矩阵的构建过程

由于 G 为无向图（节点数为 N），所以其拉普拉斯矩阵 $\boldsymbol{L}$ 为半正定的对称矩阵，且有 N 个线性无关的特征向量。拉普拉斯矩阵 $\boldsymbol{L}$ 可特征分解为

$$\boldsymbol{L} = \boldsymbol{U}\boldsymbol{\varLambda}\boldsymbol{U}^{-1} = \boldsymbol{U}\begin{pmatrix} \lambda_1 & & & \\ & \lambda_2 & & \\ & & \ddots & \\ & & & \lambda_N \end{pmatrix}\boldsymbol{U}^{-1} \tag{6.1}$$

其中，$\boldsymbol{U} = (\boldsymbol{u}_1, \boldsymbol{u}_2, \cdots, \boldsymbol{u}_N)$，$\boldsymbol{u}_i$ 是列向量，也是特征值 λ_i 所对应的单位特征向量。

传统的卷积定义为

$$f * g = F^{-1}\left[F(\omega)G(\omega)\right] = \frac{1}{2\pi}\int F(\omega)G(\omega)e^{i\omega t}d\omega \tag{6.2}$$

其中，$F(\omega)$、$G(\omega)$ 分别为函数 $f(\cdot)$ 和 $g(\cdot)$ 经傅里叶变换后频域上的函数；F^{-1} 为傅里叶逆变换。傅里叶变换和傅里叶逆变换的定义为

$$F(\omega) = F\big[f(t)\big] = \int f(t)\mathrm{e}^{-\mathrm{i}\omega t}\mathrm{d}t \qquad (6.3)$$

$$F^{-1}\big[F(\omega)\big] = \frac{1}{2\pi}\int F(\omega)\mathrm{e}^{\mathrm{i}\omega t}\mathrm{d}\omega \qquad (6.4)$$

其中，$\mathrm{e}^{-\mathrm{i}\omega t}$ 为拉普拉斯算子的特征函数。可以发现，傅里叶变换实际是将频域上的函数 $F(\omega)$ 变换成多个相互正交函数的加权和。同理，图上的傅里叶变换的定义为

$$F(\lambda_l) = \sum_{i=1}^{N} f(i)u_l^*(i) = \sum_{i=1}^{N} f(i)u_l^{-1}(i) \qquad (6.5)$$

考虑在复数域中的计算，$u_l^*(i)$ 为 $u_l(i)$ 的共轭。因为 $u_l(i)$ 为第 l 个特征向量的第 i 个分量，$\boldsymbol{u}_l$ 为单位向量，所以有 $u_l^*(i) = u_l^{-1}(i)$。$\boldsymbol{f}$ 为图上的 N 维向量，其在图上的傅里叶变换的矩阵形式为

$$\boldsymbol{F} = \begin{pmatrix} F(\lambda_1) \\ F(\lambda_2) \\ \vdots \\ F(\lambda_N) \end{pmatrix} = \begin{pmatrix} u_1(1) & u_1(2) & \cdots & u_1(N) \\ u_2(1) & u_2(2) & \cdots & u_2(N) \\ \vdots & \vdots & & \vdots \\ u_N(1) & u_N(2) & \cdots & u_N(N) \end{pmatrix} \begin{pmatrix} f(1) \\ f(2) \\ \vdots \\ f(N) \end{pmatrix} = \boldsymbol{U}^\mathrm{T}\boldsymbol{f} \quad (6.6)$$

同理，图上的傅里叶逆变换及其矩阵形式为

$$\boldsymbol{f} = \begin{pmatrix} f(1) \\ f(2) \\ \vdots \\ f(N) \end{pmatrix} = \begin{pmatrix} u_1(1) & u_1(2) & \cdots & u_1(N) \\ u_2(1) & u_2(2) & \cdots & u_2(N) \\ \vdots & \vdots & & \vdots \\ u_N(1) & u_N(2) & \cdots & u_N(N) \end{pmatrix} \begin{pmatrix} F(\lambda_1) \\ F(\lambda_2) \\ \vdots \\ F(\lambda_N) \end{pmatrix} = \boldsymbol{U}^\mathrm{T}\boldsymbol{F} \quad (6.7)$$

根据式（6.2），图上的卷积操作为

$$(\boldsymbol{f}*\boldsymbol{g})_G = \boldsymbol{U}\big(\big(\boldsymbol{U}^\mathrm{T}\boldsymbol{g}\big)\odot\big(\boldsymbol{U}^\mathrm{T}\boldsymbol{f}\big)\big) = \boldsymbol{U}\begin{pmatrix} G(\lambda_1) & \cdots & 0 \\ \vdots & & \vdots \\ 0 & \cdots & G(\lambda_N) \end{pmatrix}\boldsymbol{U}^\mathrm{T}\boldsymbol{f} \quad (6.8)$$

其中，$\odot$ 为向量的 Hadamard 积。因此，Bruna 等人定义的图卷积为

$$g_\theta(\boldsymbol{\Lambda})*\boldsymbol{x} = \boldsymbol{U}g_\theta(\boldsymbol{\Lambda})\boldsymbol{U}^\mathrm{T}\boldsymbol{x} \qquad (6.9)$$

其中，$g_\theta(\boldsymbol{\Lambda})$ 为卷积核；$\boldsymbol{\Lambda}$ 为特征值所组成的对角阵；$\boldsymbol{x} \in \mathbf{R}^N$（里面的每个元素对应图中的一个节点）。考虑在大规模图中计算其拉普拉斯矩阵的特征向量 [见式（6.1）] 的资源消耗非常大，式（6.9）的复杂度也非常高，因此利用截断

多项式展开，并通过切比雪夫多项式将卷积核近似为

$$g_\theta(\Lambda) \approx \sum_{k=0}^{K} \theta'_k T_k(\tilde{\Lambda}) \qquad (6.10)$$

其中，$\tilde{\Lambda} = \dfrac{2}{\lambda_{max}}\Lambda - I_N$；$\lambda_{max}$ 为最大特征值；$\theta' \in \mathbf{R}^K$ 为切比雪夫多项式的系数。

切比雪夫多项式可递归定义为

$$T_k(x) = 2xT_{k-1}(x) - T_{k-2}(x) \qquad (6.11)$$

而 $T_0(x)=1$，$T_1(x)=x$。可以发现，式（6.11）并不需要进行特征分解，同时卷积核的参数由原来的 N 减少为 K，大大降低了内存消耗和模型复杂度。

由于 $\left(U\Lambda U^{\mathrm{T}}\right)^k = U\Lambda^k U^{\mathrm{T}} = L^k$，所以将式（6.11）代入式（6.10）后可得

$$g'_\theta(\Lambda)*x = \sum_{k=0}^{K} \theta'_k T_k(\tilde{L})x \qquad (6.12)$$

其中，$\tilde{L} = \dfrac{2}{\lambda_{max}}L - I_N$。对式（6.12）做一阶近似（令 $k=1$），假设 $\lambda_{max}=2$，有

$$g_{\theta'}(\Lambda)*x = \theta'_0 x + \theta'_1(L - I_N)x = \theta'_0 x + \theta'_1 D^{-\frac{1}{2}}AD^{\frac{1}{2}}x \qquad (6.13)$$

若进行参数共享，令 $\theta = \theta'_0 = \theta'_1$，则有

$$g'_\theta(\Lambda)*x = \theta\left(I_N + D^{-\frac{1}{2}}AD^{-\frac{1}{2}}\right)x \qquad (6.14)$$

由于 $I_N + D^{-\frac{1}{2}}AD^{-\frac{1}{2}}$ 的特征值为 $\{0,2\}$，所以为了避免出现梯度传导过程中的梯度爆炸或梯度消失问题，对其进行重归一化，令 $\tilde{A} = A + I_N$，得

$$g'_\theta(\Lambda)*x = \theta\left(\tilde{D}^{-\frac{1}{2}}\tilde{A}\tilde{D}^{-\frac{1}{2}}\right)x \qquad (6.15)$$

其中，$\tilde{D}$ 为矩阵 $\tilde{A}$ 的度矩阵。由此，若将每个节点用 d 维向量表示，节点表示矩阵为 $X \in \mathbf{R}^{d \times N}$，则图中图卷积的矩阵形式可表示为

$$Z = \tilde{D}^{-\frac{1}{2}}\tilde{A}\tilde{D}^{-\frac{1}{2}}X\Theta = SX\Theta \qquad (6.16)$$

其中，S 为图的邻接信息矩阵，可认为对邻接矩阵 A 进行了自连接和归一化操作；Θ 为可学习的参数矩阵。由于式（6.12）进行了一阶近似，所以每层图卷积能获取一阶邻居信息，可通过堆叠 k 个图卷积网络层来捕获 k 阶邻居信息。

6.1.3 基于社交关系的推荐

使用社交网络数据进行个性化推荐的优点在于推荐的可解释性提高了，可信任度提高了，并且能解决冷启动问题，即一个用户新登录一个平台，在没有用户行为数据的前提下可以导入用户的社交网络，挖掘其好友的兴趣爱好并推荐给目标用户；其缺点在于不一定会提高离线检测的准确率和召回率，因为基于社会图谱的推荐并不一定与好友的兴趣爱好是相似的，如果是基于兴趣图谱的推荐，则可能会提高准确率和召回率。下面介绍当前应用较为广泛的几种基于社交网络数据进行个性化推荐的算法。

1. 基于邻域的社会化推荐算法

基于邻域的社会化推荐算法的核心思想主要有两点：一是找到和目标学习者兴趣类似的学习者集合；二是找到这个集合中的学习者喜欢的，且目标学习者没有听说过的学习资源推荐给目标学习者。算法原理是给定一个社交网络和一份学习者行为数据集，其中，社交网络算法是用来给学习者推荐好友正在使用的学习资源集的。将学习者 u 对学习资源 i 的兴趣定义为 p_{ui}，即

$$p_{ui} = \sum_{v \in \text{out}(u)} r_{vi} \tag{6.17}$$

其中，$\text{out}(u)$ 代表学习者 u 的好友集合，如果学习者 v 正在使用学习资源 i，则 $r_{vi} = 1$，否则 $r_{vi} = 0$。但是，即使是学习者 u 的好友，不同好友的熟悉程度和相似程度也是不同的。因此，我们还应该在推荐算法中考虑好友与学习者之间的熟悉程度和相似程度。

下面分别使用式（6.18）和式（6.19）定义了学习者与好友之间的熟悉程度和相似程度：

$$\text{familiarity}(u,v) = \frac{\left|\text{out}(u) \cap \text{out}(v)\right|}{\left|\text{out}(u) \cup \text{out}(v)\right|} \tag{6.18}$$

$$\text{similiarity}(u,v) = \frac{\left|N(u) \cap N(v)\right|}{\left|N(u) \cup N(v)\right|} \tag{6.19}$$

其中，$\text{out}(u)$ 和 $\text{out}(v)$ 分别代表学习者 u、v 的好友集合；$N(u)$ 和 $N(v)$ 分别代表学习者 u、v 的兴趣集合。

综上所述，基于好友的熟悉程度和相似程度的定义，我们重新定义了基于邻域的学习资源推荐算法，具体如下：

$$p_{ui} = \sum_{v \in \text{out}(u)} \omega_{uv} r_{vi} \qquad (6.20)$$

其中，ω_{uv} 代表权重，会影响采取行动的行为，由熟悉程度和相似程度两部分刻画组成。

2. 基于图的社会化推荐算法

学习者的社交网络可以表示为社交网络图，学习者对学习资源的行为可以表示为学习者学习资源二分图，而这两种图可以结合为图 6.7。图 6.7 是一个结合了社交网络图和学习者学习资源二分图的例子。其中有学习者顶点（圆圈）和物品顶点（矩形框）。如果学习者 u 对学习资源 i 产生过行为，那么两个节点之间就有边相连。例如，图 6.7 中的学习者 A 对学习资源"矩阵分析与统计理论"和"大数据技术与应用"这两门课程进行过学习。如果学习者 u 和学习者 v 是好友，那么也会有一条边连接这两个学习者。例如，图 6.7 中的学习者 A 就和学习者 B、D 是好友。

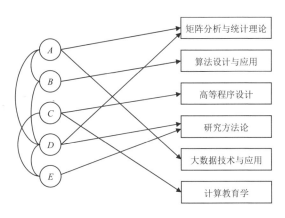

图 6.7　社交网络图和学习者学习资源二分图的结合

社交网络图和学习者学习资源二分图的结合在定义完图中的顶点与边后需要定义边的权重。其中，学习者和学习者之间边的权重可以定义为学习者之间相似度的 α 倍（包括熟悉程度和兴趣相似度），而学习者与学习资源之间的权重可以定义为学习者对学习资源喜欢程度的 β 倍。α 和 β 要根据应用的需求进行确定。如果希望学习者好友的行为对推荐结果产生比较大的影响，那么可以选择比较大的 α；相反，如果希望学习者的历史行为对推荐结果产生比较大的影响，就可以选择比较大的 β。

在社交网络中，除了常见的学习者和学习者之间直接的社交网络关系，还有一种关系，即两个学习者属于同一个社群。Quan 等人详细研究了这两种社交网络关系，他们将第一种社交网络关系称为 Friendship，而将第二种社交网络关系称为 Membership。如果要在上述提到的基于邻域的社会化推荐算法中考虑 Membership，则可以先利用两个学习者加入的社群重合度计算学习者之间的相似度，然后给学习者推荐和他相似的学习者喜欢的学习资源。但是，如果利用图模型，就可以很容易地同时对 Friendship 和 Membership 建模。如图 6.8 所示，可以加入一种节点来表示社群（最左边一列的节点），而如果学习者属于某一社群，那么图就有一条边联系学习者对应的节点和社群对应的节点。例如，图 6.8 中的学习者 A 和学习者 D 属于同导师关系这一社群，学习者 C 和学习者 E 属于同班同学这一社群。在建立完图模型后，就可以通过前面提到的基于图卷积神经网络的推荐算法给学习者推荐学习资源。

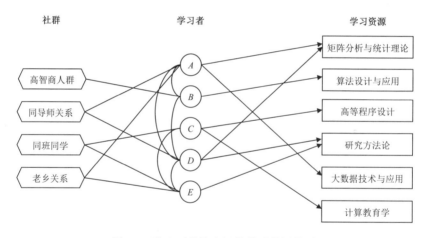

图 6.8　融合两种社交网络关系的图模型

3. 基于社交网络的好友推荐算法

这里主要介绍通过社交网络图的社交关系来进行好友推荐的最简单、快捷的方法，即给学习者推荐好友的好友。基于社交网络的好友推荐算法主要用于给学习者推荐他们在现实生活中互相熟悉，但在当前社交网络中没有联系的其他学习者。该算法的核心思想是计算学习者 u 和学习者 v 在社交网络图中的出度与入度，并将其定义为 ω_{uv}，表示不同学习者之间的相似度。ω_{uv} 的计算方式有如下几种。

（1）通过学习者 u 和学习者 v 之间的共同好友比例来计算相似度：

$$\omega_{\text{out}}(u,v) = \frac{\left|\text{out}(u) \cap \text{out}(v)\right|}{\sqrt{\left|\text{out}(u)\right|\left|\text{out}(v)\right|}} \tag{6.21}$$

其中，$\text{out}(u)$ 和 $\text{out}(v)$ 分别代表社交网络图中学习者 u、v 的好友集合；$\omega_{\text{out}}(u,v)$ 越大，代表学习者 u、v 关注的用户集合的重合度越高。

（2）通过定义社交网络图中其他的学习者指向学习者 u、v 的集合来计算另一种相似度：

$$\omega_{\text{out}}(u,v) = \frac{\left|\ln(u) \cap \ln(v)\right|}{\sqrt{\left|\text{out}(u)\right|\left|\text{out}(v)\right|}} \tag{6.22}$$

其中，$\ln(u)$ 和 $\ln(v)$ 分别代表社交网络图中其他学习者的好友是学习者 u、v 的集合；$\omega_{\text{out}}(u,v)$ 越大，代表关注学习者 u、v 的用户集合的重合度越高。

（3）通过学习者 u 关注的学习者中有多大比例也关注了学习者 v 来计算相似度：

$$\omega_{\text{out,in}}(u,v) = \frac{\left|\text{out}(u) \cap \text{in}(v)\right|}{\sqrt{\left|\text{out}(u)\right|}} \tag{6.23}$$

其中，$\text{in}(v)$ 代表学习者 v 的社交关系中的好友集合；$\omega_{\text{out,in}}(u,v)$ 越大，代表在学习者 u 关注的学习者中的越大比例关注了学习者 v，也代表学习者 u、v 关注的用户集合的重合度越高。

（4）基于式（6.23），将会存在较严重的缺陷，即公众人物和所有人的相似度都很高。但这并不能代表两者之间的真实相似度，因此有如下改进：

$$\omega_{\text{out,in}}(u,v) = \frac{\left|\text{out}(u) \cap \text{in}(v)\right|}{\sqrt{\left|\text{out}(u)\right|\left|\text{in}(v)\right|}} \tag{6.24}$$

6.2　基于学习者多视角的社交推荐模型

本节主要针对传统推荐模型中的可解释性不足的问题提出在多视角下对学习者、项目特征进行建模，提出一种基于学习者多视角的社交推荐模型。基于项目属性信息，先对学习者偏好进行细粒度分类，再结合注意力单元对各视角下的学习者偏好进行融合，为学习者提供更具可解释性的推荐服务。

6.2.1　研究内容

基于矩阵分解的算法通常利用隐含因子模型对学习者和对象进行表征。虽然这种低秩的矩阵表示方法对推荐的效率和性能有很大的提高，但隐含因子模型的可解释性一直是推荐系统的痛点问题。尽管一些边信息（Side Information）的引入（如社交关系）对表征的构建过程提供了一层逻辑语义关系（如社交影响对学习者表征的相似度约束），但这种方式更是一种隐式的解空间约束。如何在社交推荐中对学习者偏好进行划分并探究学习者具有该偏好的深层次原因是本节的研究重点。

实际上，以学习资源适配的场景为例，在不同的维度空间中，学习者偏好是不同的。如图 6.9 所示，学习者对一个课程资源的偏好应该由多个维度构成，应该在多视角下进行分析。如果学习者张三是一个计算机专业的学生，那么他可能对"计算机系统与结构"这门课程的教学视频感兴趣；而如果学习者李四对授课教师李沐很喜欢，那么他对李沐主讲的"动手学深度学习"这门课程也会感兴趣。因此，在不同视角下对学习者和对象进行建模就非常必要。这里依据学习资源的属性对学习者偏好进行划分，将可以显式表明现实含义的称为显式偏好，而这些显示偏好有时在学习者选择方面占主导地位。例如，对大多数学习者来说，无论一门课程讲得有多么好，与他们的专业有多么契合，给他们推荐来自国外的并没有办法获取的课程资源是因为学习者根本无法根据推荐找到相应的资源。与此同时，学习者对一个学习资源的选择有时并不会仅站在有限的视角下进行考虑，于是隐式偏好就被引入并用于刻画学习者在未知视角下的偏好值。考虑到不同学习者的关注点不同，通过注意力单元对不同视角下的学习者偏好进行加权，进一步提升模型的表征能力。

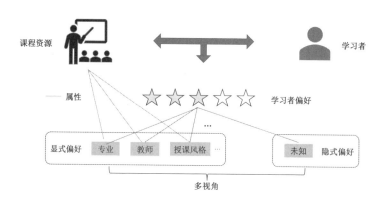

图 6.9　学习者的多视角偏好

6.2.2　模型框架

本节提出基于学习者多视角的社交推荐（OMPSR）模型，该模型分为 3 部分：特征分析、单视角偏好建模与整体模型预测和优化。OMPSR 模型整体框架如图 6.10 所示。为了方便，首先介绍本节中的符号定义：$U=\{u_1,u_2,\cdots,u_T\}$ 和 $V=\{v_1,v_2,\cdots,v_M\}$ 分别代表学习者与学习资源的集合，学习者数量为 T，学习资源数量为 M；矩阵 $\boldsymbol{R}\in\mathbf{R}^{T\times M}$ 代表学习者–学习资源的交互记录，如果学习者 i 和学习资源 j 之间有交互，则其中的元素 $r_{i,j}=1$，否则 $r_{i,j}=0$；矩阵 $\boldsymbol{S}\in\mathbf{R}^{T\times T}$ 代表学习者之间的社交关系矩阵，如果学习者 i 和学习者 i' 之间有交互，则元素 $s_{i,i'}=1$，否则 $s_{i,i'}=0$。在默认情况下，矩阵 $\boldsymbol{S}$ 的对角线元素被设置为 1，这代表学习者在社交空间的自连接。

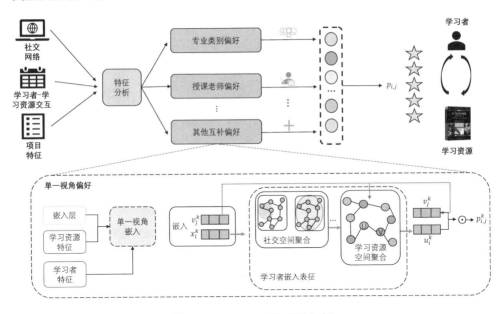

图 6.10　OMPSR 模型整体框架

1. 特征分析

为了对每个视角下的学习者偏好进行建模，先获取每个视角下学习者与学习资源的统计特征。统计特征的生成过程如图 6.11 所示。对于第 k 个视角，学习资源特征矩阵 $\boldsymbol{I}^k\in\mathbf{R}^{M\times L_k}$ 表示对象在第 k 个属性视角下的特征表示，其中，M 为学习资源数量，L_k 为该属性视角下的属性类别数量。学习资源矩阵的第 j 行表示为

$$I_j^k = \left[I_{j,1}^k, I_{j,2}^k, \cdots, I_{j,c}^k, \cdots, I_{j,L_k}^k \right] \qquad (6.25)$$

其中，$I_{j,c}^k$ 是一个指示器，代表学习资源 j 是否属于类别 c。基本的学习资源特征矩阵结合学习者-学习资源的历史交互记录可以得到学习者特征矩阵 $\boldsymbol{F}^k \in \mathbf{R}^{T \times L_k}$，其中，$T$ 代表学习者数量，学习者 i 在第 k 个视角下的统计特征表示为

$$F_i^k = \left[F_{i,1}^k, F_{i,2}^k, \cdots, F_{i,c}^k, \cdots, F_{i,L_k}^k \right] \qquad (6.26)$$

其中，$F_{i,c}^k$ 代表学习者 i 在属性类别 c 上的选择频率。

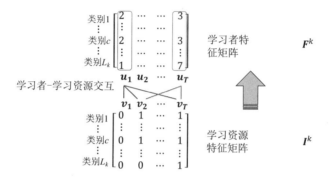

图 6.11　统计特征的生成过程

2. 单视角偏好建模

本节主要关注在某个特定视角下学习者的偏好建模问题。虽然在每个视角下，学习者和学习资源的特征矩阵是不同的（含义也是千差万别的），但其偏好建模的方式是一致的。单视角偏好建模分为以下 3 个步骤：嵌入表示；社交空间聚合；学习资源空间聚合。

（1）嵌入表示。

为了构造统一的特征表达，我们让学习者嵌入和学习资源嵌入来自同一个特征嵌入池，这样学习者嵌入和学习资源嵌入可以在同一个隐含因子空间中进行表征。假设有 m 个显式属性存在，则第 k（$k=1,2,\cdots,m$）个视角下的特征嵌入池为 $\boldsymbol{E}^k \in \mathbf{R}^{d \times L_k}$，$d$ 代表嵌入表示的维度空间大小，在每个视角下，d 保持一致。$\boldsymbol{E}^k$ 表示为

$$E^k = \begin{bmatrix} & | & | & | & \\ \cdots & e_{c-1}^k & e_c^k & e_{c+1}^k & \cdots \\ & | & | & | & \end{bmatrix} \qquad (6.27)$$

这是一个随机初始化且可学习的矩阵。这里的类别嵌入向量可代表一个特定类别的特征表示（如喜剧片、爱情片等）。这样，学习者与学习资源在第 k 个视角下的初始嵌入分别表示为

$$x_i^k = \frac{\sum_{c=1}^{L_k} \boldsymbol{F}_{i,c}^k \cdot \boldsymbol{e}_c^k}{\sum_{c=1}^{L_k} \boldsymbol{F}_{i,c}^k} \tag{6.28}$$

$$v_j^k = \frac{\sum_{c=1}^{L_k} \boldsymbol{I}_{j,c}^k \cdot \boldsymbol{e}_c^k}{\sum_{c=1}^{L_k} \boldsymbol{I}_{j,c}^k} \tag{6.29}$$

其中，$\boldsymbol{F}_{i,c}^k$ 和 $\boldsymbol{I}_{j,c}^k$ 可被认为是加权平均操作，并对数据进行归一化处理。同时从整体上看，由于属性的数量是有限的，所以学习者交互的数量并不需要很多就能从这个视角反映学习者的特征。可以发现，这种多视角学习者模型更易于解释，模型耦合也显著降低。只要学习者的行为从一个视角来看是相似的（不管其他视角的差异性如何），这种偏好划分方式就能允许学习者在该视角嵌入空间上足够接近，这也有利于学习者偏好的刻画。

虽然学习者历史行为的显式特征往往能主导学习者偏好，但当系统中的显式偏好成分是片面的，或者当学习者拥有的行为数据非常稀疏时，完全自主学习的隐式偏好分析就显得十分必要。这里用补充视角偏好对其进行定义，由完全可学习的随机初始化嵌入向量 $\boldsymbol{x}_i^{m+1} \in \mathbf{R}^d$ 和 $\boldsymbol{v}_j^{m+1} \in \mathbf{R}^d$ 在补充视角下对学习者与学习资源进行表征。

（2）社交空间聚合。

对于每个视角（无论显式视角还是隐式视角），都堆叠多个 GCN 层来获取社交空间中的高阶邻居信息。在 t 层信息传播后，得到 t 阶邻居知识的学习者嵌入可以表示为

$$\boldsymbol{y}_i^{k(t)} = \mathrm{ReLU}\left(\sum_{i' \in N_i \cup \{i\}} \boldsymbol{h}_{i,i'}^{k(t)} \right) \tag{6.30}$$

其中，N_i 表示学习者 i 的社交邻居集合；$\boldsymbol{h}_{i,i'}^{k(t)}$ 表示在第 k 个视角下，从学习者 i' 到学习者 i 的传播嵌入，其定义为

$$h_{i,i'}^{k(t)} = \frac{s_{i,i'}}{\|s_i\|_1 \cdot \|s_{i'}\|_1} y_i^{k(t-1)} W^{k(t)} \tag{6.31}$$

其中，$W^{k(t)}$ 表示 k 个视角下第 t 层的可训练特征转换矩阵；$y_i^{k(t-1)}$ 表示第 $t-1$ 层 GCN 输出的学习者嵌入表示；$\|\cdot\|_1$ 表示向量的 1 范数，代表其中元素绝对值的和。

同时，在社交矩阵 S 中，令其对角线元素为 1，表示社交网络中的学习者自连接。这样，在经过 t 层 GCN 后，学习者在社交网络中嵌入表示的矩阵形式为

$$Y^{k(t)} = \text{ReLU}\left(L^k Y^{k(t-1)} W^{k(t)}\right) \tag{6.32}$$

$$L = D^{-\frac{1}{2}} S D^{-\frac{1}{2}} \tag{6.33}$$

其中，D 为矩阵 S 的度矩阵。假设 GCN 的层数是 t，则在第 k 个视角下，学习者 i 的输出是 $y_i^{k(t)}$。

（3）学习资源空间聚合。

考虑到存在学习者很少在互联网上与他人交流的情况，这里将学习资源的嵌入融入学习者表示中。由于学习者-学习资源空间的异质性，学习者的二阶邻居又是学习者节点，这可能与社交邻居中的学习者发生重叠。因此，这是仅融合学习者的一阶邻居（学习资源）来代表学习者嵌入的部分特征。因此在学习资源空间中信息的聚合方式为

$$u_i^k = y_i^{(t)} + \frac{\sum\limits_{j \in \{j | r_{i,j}=1\}} v_j^k}{\sum\limits_{j=1}^{M} r_{i,j}} \tag{6.34}$$

类似地，式（6.34）高效计算的矩阵形式为

$$U^k = Y^{k(t)} + ARV^k \tag{6.35}$$

其中，$A \in \mathbf{R}^{T \times T}$ 为对角阵，其对角线上的第 q 个元素代表第 q 个学习者的连接学习资源数量，并且 V^k 的第 j 行由向量 v_j^k 构成。

3．模型预测和模型优化

（1）模型预测。

在获得各个视角下的学习者与学习资源表示后，对其分配不同的权重，通过一个加权单元，学习者的整体偏好描述为

$$p_{i,j} = \sum_{k=1}^{m+1} \mathrm{att}_{i,k} \boldsymbol{u}_i^{k^{\mathrm{T}}} \boldsymbol{v}_j^k \tag{6.36}$$

$$\mathrm{att}_{i,k} = \frac{e^{\alpha_{i,p}}}{\sum_{p=1}^{m+1} e^{\alpha_{i,p}}} \tag{6.37}$$

其中，$\boldsymbol{\alpha}_i = \left[\alpha_{i,1}, \alpha_{i,2}, \cdots, \alpha_{i,m}, \alpha_{i,m+1}\right]^{\mathrm{T}}$ 是 $m+1$ 维可训练的向量。

（2）模型优化。

由于仅关注学习者的隐式反馈且实施 Top-N 的对象推荐，所以这里同样采用 BPR 的策略。在训练阶段，模型的损失函数为

$$\mathrm{Loss} = \sum_{i=1}^{T} \sum_{(i,j,j') \in D} -\ln \sigma\left(p_{i,j} - p_{i,j'}\right) + \lambda \|\Theta\|_2^2 \tag{6.38}$$

其中，$\sigma(\cdot)$ 为 Sigmoid 函数；Θ 为整个模型中可学习的参数，包括每个 E^k（$k=1,2,\cdots,m$）与隐式嵌入 $\boldsymbol{x}_i^{m+1}$ 和 $\boldsymbol{v}_j^{m+1}$；λ 为正则化参数；$D = \left\{(i,j,j') \big| (i,j) \in D^+, (i,j') \in D^-\right\}$ 为训练集，$D^+ = \left\{(i,j) \big| r_{i,j}=1\right\}$ 为有过交互的学习者-学习资源对，D^- 为每个训练步中未观察到的记录。这里采用 Adam 算法，并以一个较大的初始学习率 0.01 来优化模型。更重要的是，由于 GCN 具有强大的表征能力，所以在 GCN 的每一层特征转换函数后采用 Dropout 操作来防止出现过拟合。

6.2.3　实验分析

1. 数据集

实验中采用了社交推荐中的两个经典的数据集：Yelp 数据集和 Ciao 数据集。两个数据集的统计特征如表 6.1 所示。relation(A-B)表示 A 和 B 之间的关系，#表示计数符号。Yelp 是美国最大的点评网站，这个网站允许用户给餐馆、牙医等打分。更重要的是，用户的体验可以通过照片和评论与朋友分享，也可以获取企业所在的城市和类别属性。Ciao 是一个在英国很受欢迎的产品评论网站，它允许人们对产品进行评级，并可以在网上交友。它还提供了产品的类别信息，每个产品只属于一个类别。从上述统计特征来看，Yelp 数据集的评分密度更高，但社会关系稀疏；Ciao 数据集的用户少，但对象数量庞大。由于这些数据集的用户偏好以

评分的形式呈现，考虑这些交互至少满足用户的部分偏好，所以无论分数高低，这里将所有用户的历史记录都转换为正样本。此外，在这两个数据集中，对象一般只有一个或两个属性，这实际上限制了模型使用更多视角来评估模型的能力。

表6.1　两个数据集的统计特征

数据集	relation (A-B)	#A	#B	#(A-B)
Yelp	User-Business	16239	14284	198397
	User-User	10580	10580	158590
	Business-City	14267	47	14267
	Business-Category	14180	511	40009
Ciao	User-Product	6792	103408	273747
	User-User	6792	6792	110426
	Product-Category	103408	28	103408

2．对比模型

下面将模型与一些具有代表性的模型进行比较，其中包括经典的和目前领先的社交推荐模型。

（1）BPR：最简单高效的可学习模型，属于经典的矩阵分解算法。

（2）NGCF：著名的基于 GCN 的推荐模型，仅利用用户和对象之间的评级关系。

（3）DHCF：采用了分治策略，灵活地对不同用户和不同对象进行建模，并考虑其高阶关系。

（4）SERec：将社交关系整合到矩阵分解中，利用社交信息来捕获用户社交暴露的影响，而不是简单地视作用户偏好。

（5）DiffNet：最先进的社交推荐模型。它解释了社交圈的影响，并模拟了随着社交扩散进行的用户嵌入的演变过程。

3．数据准备和参数设置

在数据准备过程中，过滤掉没有社交连接的用户，确保用户在社会关系矩阵和交互矩阵中同时存在。同时会删除不带属性信息的对象，避免用户对该对象没有显示偏好。对于数据集，这里进行随机分区，完整数据集的80%为训练集，其余为测试集。同时，所有用户都至少在训练集中存在一条记录，以保证测试集中不会出现绝对冷启动用户的现象。

除 MP 模型外，所有基线模型均是基于隐含因子的模型，而所有可学习的隐含向量都用较小的随机值初始化，隐含因子的维数固定在 64。这里使用 Adam 优化器，以 0.01 的初始学习速率训练所有模型，学习速率随损失函数的变化而动态变化。在本节提出的 OMPSR 模型中，采用网格搜索策略，正则化参数 λ 在 $\{0.001,0.01,0.1,1,10\}$ 集合中，GCN 层数 t 在 $\{1,2,3\}$ 中进行调整。同时 Dropout 保留率也在 $\{0.1,0.2,\cdots,0.8,0.9,1\}$ 中进行搜索，以得到更具有泛化能力的模型。在实验中，将 GCN 的层数在 NGCF 模型中设置为 3，在 DHCF 模型和 DiffNet 模型中设置为 2。在对比模型 SERec 中，按照其作者的推荐，将 λ_x、λ_t 和 λ_b 设置为 1，s 则设置为 5。为了控制可学习参数的大小，在两个数据集上，NGCF、DHCF 和 DiffNet 模型中的正则化参数均设置为 0.001。

4. 整体比较

表 6.2～表 6.5 展示了 OMPSR 模型和基线模型在两个数据集上评价指标的对比情况（%省略）。考虑到维度大小 d 会显著影响模型的泛化能力，这里在相同维度大小为 64 的情况下，用不同的 Top-N 值对不同模型进行评估。首先，可以观察到，随着 N 值的增大，Recall@N 和 NDCG@N（N=5, 10）不断增大，而 Precision@N（N=5, 10）则减小。考虑这两个数据集的数据稀疏性，在 Yelp 数据集中，每个用户交互的对象平均数量约为 12，在 Ciao 数据集中为 40。许多用户的历史交互数量小于 5，因此，随着 N 值的增大，测试集中实际的用户偏好列表的长度可能会保持不变，而推荐列表的长度会不断增大，正好解释了出现上述情况的原因。其次，在 Yelp 数据集上的 Recall@N 和 NDCG@N 总是比在 Ciao 数据集上的对应指标更好，这是因为在 Yelp 数据集上有更密集的用户隐含反馈。但是对于 Precision@N，所有的模型在 Ciao 数据集上的表现都好于 Yelp 数据集，这也可能是由于在 Yelp 数据集的测试集中用户连接的对象很少的缘故。

表 6.2 基于 Yelp 数据集 OMPSR 模型和基线模型的对比情况（1）

模　　型	Recall@5	Precision@5	NDCG@5
BPR	<u>3.1444</u>	3.0837	4.9445
NGCF	3.03489	3.1055	4.7122
DHCF	3.1259	3.0764	<u>5.1021</u>
SERec	2.9975	3.3242	4.9825
DiffNet	3.1329	<u>3.3789</u>	5.0250
OMPSR	**3.7016**	**3.8965**	**5.1379**

表 6.3　基于 Ciao 数据集 OMPSR 模型和基线模型的对比情况（1）

模　　型	Recall@5	Precision@5	NDCG@5
BPR	2.6991	4.6621	5.5707
NGCF	2.7389	4.6080	5.3689
DHCF	2.5169	4.2105	4.9694
SERec	<u>3.0260</u>	<u>4.9897</u>	<u>5.8705</u>
DiffNet	2.9601	4.9038	5.8224
OMPSR	**3.1606**	**5.0217**	**5.9267**

表 6.4　基于 Yelp 数据集 OMPSR 模型和基线模型的对比情况（2）

模　　型	Recall@10	Precision@10	NDCG@10
BPR	5.0423	2.6025	5.4872
NGCF	5.0618	2.7100	5.2714
DHCF	4.9391	2.5879	5.5460
SERec	5.1861	<u>2.8759</u>	5.5109
DiffNet	<u>5.4887</u>	2.8741	<u>5.6226</u>
OMPSR	**6.0958**	**3.3661**	**5.6829**

表 6.5　基于 Ciao 数据集 OMPSR 模型和基线模型的对比情况（2）

模　　型	Recall@10	Precision@10	NDCG@10
BPR	4.2175	3.6190	5.3888
NGCF	4.4497	3.7939	5.4110
DHCF	4.1387	3.5395	5.0456
SERec	<u>4.8707</u>	<u>4.1803</u>	<u>5.9427</u>
DiffNet	4.6627	3.9291	5.7320
OMPSR	**4.9155**	**4.2545**	**5.9726**

在这些基线模型中，前 4 种模型只考虑了用户–对象的交互信息，后两种模型进一步结合了社交关系。基于这些实验结果，通过对比基线模型和自己的模型，有以下发现。

（1）NGCF 和 DHCF 模型作为基于图表示学习的代表性推荐框架，在 N 值较大的情况下性能有一定的提高。不同的性能提高也表明了在建模用户表示时显式地将连接对象作为用户特征的必要性。DHCF 模型在 Yelp 数据集上的性能优于 NGCF 模型，但在 Ciao 数据集上的性能不如 BPR 模型的性能，说明其分而治之的策略可能不适用于稀疏数据集。

（2）利用社交关系，SERec 和 DiffNet 模型的性能优于前 3 种模型。它进一步揭示了社交网络的价值，特别是对于存在冷启动问题的推荐系统。同时，可以观察到社交关系的贡献和社会影响的扩散过程在 Ciao 数据集中比在 Yelp 数据集中更明显。在所有的基线模型中，DiffNet 模型在 Yelp 数据集上的大多数情况下表现最好，而 SERec 模型在 Ciao 模型上表现出了优势，原因可能是用户对物品的曝光需要更多的社交信息，稀疏的社交关系影响了推荐的准确性。此外，它也证明了社交网络中测量用户相似度的重要意义。

（3）OMPSR 模型在两个数据集上同时获得了最佳性能，尤其在 Yelp 数据集上的性能比最好的基线模型的性能仍提高了 10% 以上。对于指标 Recall@N 和 Precision@N，N 值越小，性能提高越明显。这说明本节的模型在推荐列表的头部具有较高的准确率，而 N 值较小的推荐在实际场景中更具有实用性。相比之下，尽管在 Ciao 数据集上可以观察到密集的社会关系，但在 Ciao 数据集上的性能提高要比 Yelp 数据集上的性能提高低。由于 Ciao 数据集上有更多的属性（视角），因此将这种更明显的性能提高归功于 Yelp 数据集上更多的显式偏好建模。与 SERec 和 DiffNet 模型相比，尽管两者都考虑了社会影响，但 OMPSR 模型仍然表现出色。因此，在 OMPSR 模型视角下的社交信任传播有利于模拟用户偏好。

5. 消融实验

为了研究显性特征在 OMPSR 模型中的作用，这里考虑了在 OMPSR 模型中没有显性特征的变体，即隐式感知社会推荐（OIASR）模型。在公式中，OIASR 模型放弃了这种权重分配方案，与基础的 OMPSR 模型相比，它只保留了互补视角（隐式视角）的偏好。它等价于具有社会信息的基本 GCN 模型。为了方便，OMPSR 模型及其变体均采用了一个 GCN 层。在 OIASR 模型中，我们也对变体的 L_2 正则化项和 Dropout 保留率实施网格搜索。实验结果表明，0.1 是 L_2 正则化项系数的最佳值；而在 Yelp 数据集和 Ciao 数据集上，其最好的 Dropout 保留率分别为 0.7 和 0.2。图 6.12 展示了相关模型的对比情况（% 省略），可以看出，OMPSR 模型在两个数据集上都优于 OIASR 模型，这进一步说明了为用户引入显性特征和多视角建模的必要性与有效性。同时可以发现，推荐列表越长，添加显式特征后的改进越大。一种可能的解释是，多视角建模能够更好地探索用户和对象之间的关联，从而在更大范围的推荐中获得更好的准确性。而当推荐列表的长度为 100 时，发现模型和其变体差别不大，这是因为数据集中用户的平均交互对象数量也是很少的。此外，与其他两个指标相比，OMPSR 模型的推荐精度提高较明显，而对 NDCG 指标的改进很小。这说明我们的模型更关注推荐列表的准确性，而不太

关注项目之间的优先级关系。

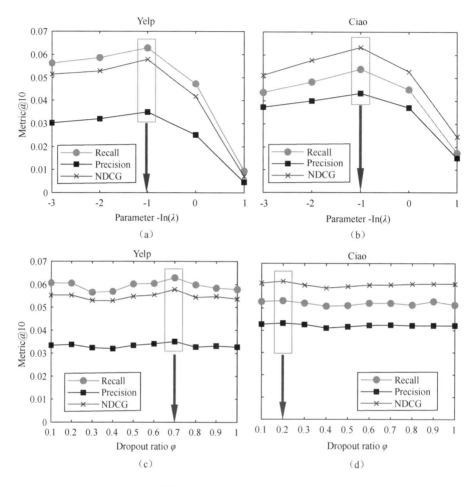

图 6.12　两个公开数据集的正则化参数 λ 和 Dropout 保留率的讨论

6.3　融合图卷积的复杂社交关系推荐模型

在 6.2 节的基础上，本节针对社交信任度不一致的问题，提出在多视角的基础上对学习者的社交关系连接进行不一致性建模，即融合图卷积的复杂社交关系推荐模型。基于学习资源属性信息的细粒度分类，在显式视角下，利用学习者的历史行为特征对各视角下的学习者社交关系网络进行构建。这种重新定义的图上消息传递的方式能更合理地传递学习者的社交影响，提高推荐模型的准确性。

6.3.1　研究内容

6.2 节考虑了学习者的多视角偏好。基于此，通过对社交关系的进一步分析，同样发现在现实生活中的社交关系应该是有区分的，在不同的社交场合（或偏好领域），朋友间的紧密程度（信任程度）是不同的。例如，对学习资源推荐来说，我和一部分朋友更关注教学视频的专业范畴是计算机类还是文学类，而对另一部分朋友来说，他们主要关注自己的授课教师推荐的所学领域的专家或自己在网上了解到的优秀教师。也就是说，我想通过教学视频来学习一门课程，可能会参考这门课程所归属的专业范畴，同时会关注这门课程的创作者是哪位教师，即社交信息和学习者偏好是一致的，也是一种多视角的。图 6.13 所示为学习者的多样社交关系和分层学习者偏好。如图 6.13（a）所示，张三会和李四分享"计算机网络"这门课程，因为他们都是计算机系的学生，都有这门专业课程。而由于张三和王五都特别喜欢李沐教师的课程，所以"动手学深度学习"这门课程会在张三和王五之间交流。因此，从课程内容所属专业的角度看，张三和李四可以说是亲密的朋友，而从课程的授课教师的角度看，他们的交流就比较少了。实际上，学习者在选择一门课程时，会从不同的角度询问不同朋友的意见，因此不同朋友的信任程度应该从不同的角度进行考虑（如课程内容、授课教师）。此外，从图 6.13（b）中可以发现，虽然"实用机器学习"这门课程的授课风格并不是张三最喜欢的，但是张三依然选择这门课程进行学习，因为课程内容所属专业和课程授课教师都符合他的需求。基于上述分析，我们认为张三对课程资源的偏好应该包含在课程内容所属专业、授课教师、授课风格和其他的观点上的不同层次偏好，这也是符合现实的，即学习者在选择课程资源时会从多个维度（如专业和授课风格）来决定自己的偏好。在此，也可以与 6.2 节的多视角用户偏好相对应。

考虑到 GCN 网络的优越性能，众多研究者将其引入各自的研究领域，并获得了出色的实验效果，如前面提到的社交推荐模型 DiffNet。然而，传统的图卷积网络算法将邻居节点同等对待，将邻居节点的传播向量无区别地进行汇聚。从图注意网络中图结构数据采用注意力机制开始，人们提出了许多注意力模型来学习社交影响力强度。SocialGCN 模型通过学习社交邻居的关注权重为用户建模打分。在文献中，Wu 等人利用注意力模型融合社交网络和兴趣网络进行社交推荐。Tang 等人模拟了高阶社交关系，并利用注意力机制从不同阶邻域获取信息。虽然这些模型都是通过注意力机制来学习图中边的权值的，但其训练成本较高。我们的工作也受到了注意力建模的启发，并利用其统计特征形成注意力权重，以此来区分社交朋友的不同影响。

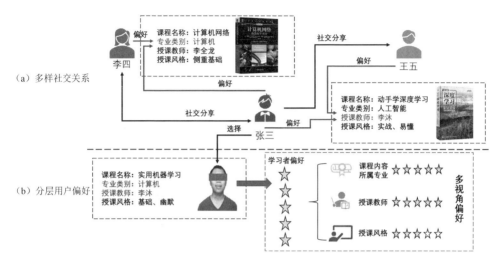

图6.13　学习者的多样社交关系和分层学习者偏好

6.3.2　模型框架

本节提出了融合图卷积的复杂社交关系推荐模型——MPSR模型。为了方便，首先介绍本节中的符号定义。与6.2.2节一致，$U = \{u_1, u_2, \cdots, u_T\}$ 和 $V = \{v_1, v_2, \cdots, v_M\}$ 分别表示学习者的集合和学习资源的集合；矩阵 $\boldsymbol{R} \in \mathbf{R}^{T \times M}$ 表示学习者-学习资源的交互记录；矩阵 $\boldsymbol{S} \in \mathbf{R}^{T \times T}$ 表示学习者之间的原始社交关系矩阵（对角线上的元素为1）。更重要的是，此处也利用了物品属性信息来分析学习者和学习资源的特征。推荐任务可被定义如下。

输入： 学习者集合 U、学习资源集合 V、学习者-学习资源交互矩阵 $\boldsymbol{R}$、社交关系矩阵 $\boldsymbol{S}$，以及学习资源属性信息。

输出： 对每个学习者 i 的推荐列表 R_{e_i}，其中的每个学习资源被一个实值 $p_{i,j}$ 排序。

1. 整体框架

图6.14所示为MPSR模型的整体框架。首先分析来自每个视角下的学习者与学习资源的特征，这些特征是单视角学习者偏好模块的关键输入。同时，社交网

络会从不同的视角根据学习者的特征来构建。在每个单视角模块中，学习者与学习资源的嵌入可以通过多个子模块得到，这些子模块分别在社交空间和学习资源空间中迭代更新，详细的描述将在 6.3.3 节中介绍。为了构建统一的学习者与学习资源表示，在每个视角下都有一个独特的嵌入表征，采用两种嵌入表示（学习者嵌入和学习资源嵌入）的内积来表示学习者偏好，这样表示具有较高的效率和性能。最终学习者对某个学习资源的偏好可通过对一组单视角偏好分别加权来获得。

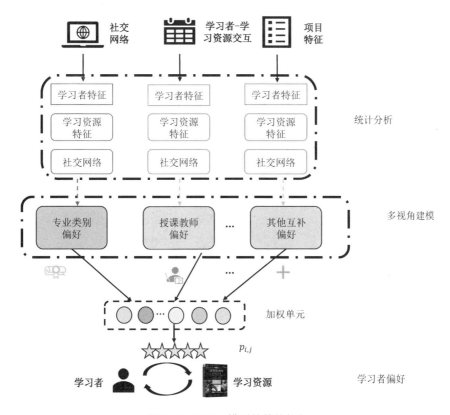

图 6.14　MPSR 模型的整体框架

2. 社交网络重构

与 6.2 节的方法一致，为了对每个视角下的学习者偏好进行建模，首先获取每个视角下学习者与学习资源的统计特征，相关方法见 6.2.1 节。在第 k 个视角下，学习资源特征矩阵表示为 $I^k \in \mathbf{R}^{M \times L_k}$，学习者特征矩阵表示为 $F^k \in \mathbf{R}^{T \times L_k}$。其中，$T$ 为学习者数量；M 为学习资源数量；L_k 为在该属性视角下的属性类别数量。$I_{j,c}^k$ 表示学习资源 j 是否属于类别 c，$F_{i,c}^k$ 表示学习者 i 在属性类别 c 上的选择频率。

考虑到社交关系的不一致性，提出利用不同视角下学习者的相似度来重新构建社交网络，如图 6.15 所示。对于每个社交网络中的学习者对 $(u_i, u_{i'})$，在第 k 个视角下，其统计特征表示为 $\boldsymbol{F}_i^k$ 和 $\boldsymbol{F}_{i'}^k$，这两个连接学习者的相似度计算可形式化表示为

$$\tilde{s}_{i,i'}^k = \frac{\boldsymbol{F}_i^k \odot \boldsymbol{F}_{i'}^k}{\left\| \boldsymbol{F}_i^k \right\| \cdot \left\| \boldsymbol{F}_{i'}^k \right\|} \tag{6.39}$$

其中，$\odot$ 代表向量间的内积；$\|\cdot\|$ 代表向量的长度。在第 k 个视角下计算每个 $\tilde{s}_{i,i'}^k$ 后，社交网络中的每个连边会被重构以形成新的学习者社交网络 $\tilde{\boldsymbol{S}}^k$。由于这些步骤都可以提前准备、计算，所以这种预处理并不会增加模型训练的开销。而对于补充视角，将这个未知视角下每个学习者的社交影响平等看待，将其社交网络中边的权值设置为 1。

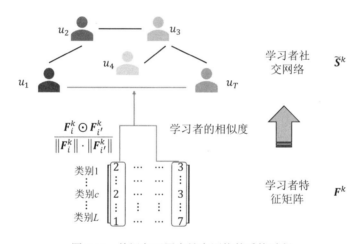

图 6.15 单视角下用户社交网络的重构过程

3. 单视角学习者偏好

本节重点对学习者单视角偏好进行建模。从直观上看，学习者的偏好通常被认为会受到其朋友（社交网络中的邻居）的影响。然而，以往的研究大多只是简单地假设学习者受到邻居的影响是平等的，并没有考虑朋友之间的差异。简单地说，我们认为学习者总是会因为不同的兴趣而受到不同朋友的不同程度的影响（对应前面提到的不同视角）。利用不同视角的不同关系，单视角偏好的生成（见图 6.16）可分为 3 个步骤：单视角嵌入；社交空间聚合；学习资源空间聚合。在不同的视角下，单视角嵌入的目的是在统一的嵌入空间中初始化学习者与学习资

源的表示，而社交空间聚合主要从特定的角度聚合学习者邻居的嵌入。在学习资源空间中，学习者嵌入表示进一步结合了连接资源的信息，缓解了社交网络连接的稀疏性问题。两个嵌入的内积表示学习者在第 k 个视角下的偏好。

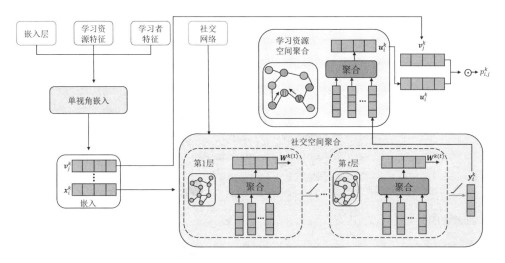

图 6.16　单视角偏好的生成

单视角嵌入：与 6.3.1 节一致，为了构造统一的特征表示，让学习者嵌入和学习资源嵌入来自同一个特征嵌入池。假设有 m 个显式属性存在，则第 k（$k=1,2,\cdots,m$）个视角下的特征嵌入池 $\boldsymbol{E}^k \in \mathbb{R}^{d \times L_k}$ 表示为

$$\boldsymbol{E}^k = \begin{bmatrix} & | & | & | & \\ \cdots & \boldsymbol{e}_{c-1}^k & \boldsymbol{e}_c^k & \boldsymbol{e}_{c+1}^k & \cdots \\ & | & | & | & \end{bmatrix} \tag{6.40}$$

这是一个随机初始化且可学习的矩阵。这样，学习者与学习资源在第 k 个视角下的初始嵌入分别表示为

$$\boldsymbol{x}_i^k = \frac{\sum_{c=1}^{L_k} \boldsymbol{F}_{i,c}^k \cdot \boldsymbol{e}_c^k}{\sum_{c=1}^{L_k} \boldsymbol{F}_{i,c}^k} \tag{6.41}$$

$$\boldsymbol{v}_j^k = \frac{\sum_{c=1}^{L_k} \boldsymbol{I}_{j,c}^k \cdot \boldsymbol{e}_c^k}{\sum_{c=1}^{L_k} \boldsymbol{I}_{j,c}^k} \tag{6.42}$$

其中，$\boldsymbol{F}_{i,c}^k$ 和 $\boldsymbol{I}_{j,c}^k$ 可被认为是加权平均操作，对数据进行归一化处理。同样，在补充视角下，由完全可学习的随机初始化嵌入 $\boldsymbol{x}_i^{m+1} \in \mathbf{R}^d$ 和 $\boldsymbol{v}_j^{m+1} \in \mathbf{R}^d$ 来对学习者与学习资源进行表示。

社交空间聚合：在社交空间中，学习者社交图以不同权重进行连接，我们将在不同视角下对学习者在社交空间的嵌入进行聚合。由于权重不同，所以不同视角下学习者之间的联系强度并不一致，而这种联系强度与学习者之间的相似度有关。在每个视角（包括显式视角和补充视角）下，堆叠多个 GCN 层，以从高阶邻居获取信息。经过 t 层传播后，学习者嵌入从其 t 阶邻居获取知识，可递归表示为

$$\boldsymbol{y}_i^{k(t)} = \text{ReLU}\left(\sum_{i' \in N_i \cup \{i\}} \boldsymbol{h}_{i,i'}^{k(t)} \right) \tag{6.43}$$

其中，N_i 表示学习者 i 的社交邻居集合，$\boldsymbol{h}_{i,i'}^{k(t)}$ 表示在第 k 个视角下从学习者 i' 到学习者 i 的传播嵌入，其定义为

$$\boldsymbol{h}_{i,i'}^{k(t)} = \frac{\tilde{s}_{i,i'}^k}{\left\| \tilde{s}_i^k \right\|_1 \cdot \left\| \tilde{s}_{i'}^k \right\|_1} \boldsymbol{y}_i^{k(t-1)} \boldsymbol{W}^{k(t)} \tag{6.44}$$

其中，$\boldsymbol{W}^{k(t)}$ 表示 k 个视角下第 t 层中可训练的特征转换矩阵；$\boldsymbol{y}_i^{k(t-1)}$ 表示第 $t-1$ 层 GCN 输出的学习者嵌入表示，初始化的 $\boldsymbol{y}_i^{k(0)}$ 被设置为 $\boldsymbol{x}_i^k$。考虑 $\tilde{s}_{i,i'}^k$ 的非负性，$\left\| \tilde{s}_i^k \right\|_1 = \sum_{j=1}^T \tilde{s}_{i,j}^k$ 可被视为归一化算子。在新构建的社交矩阵 $\tilde{\boldsymbol{S}}^k$ 中，令其对角线元素为 1，代表社交网络中的学习者自连接。这样，在经过 t 层 GCN 后，学习者在社交网络中嵌入表示的矩阵形式为

$$\boldsymbol{Y}^{k(t)} = \text{ReLU}\left(\boldsymbol{L}^k \boldsymbol{Y}^{k(t-1)} \boldsymbol{W}^{k(t)} \right) \tag{6.45}$$

$$\boldsymbol{L} = \boldsymbol{D}^{-\frac{1}{2}} \boldsymbol{S}^{-\frac{1}{2}} \tag{6.46}$$

其中，$\boldsymbol{D}^k$ 为矩阵 $\tilde{\boldsymbol{S}}^k$ 的度矩阵。假设 GCN 的层数是 t，则在第 k 个视角下，学习者 i 的输出是 $\boldsymbol{y}_i^{k(t)}$。

学习资源空间聚合：同样考虑到有的学习者很少在互联网上与他人进行交流，导致该学习者的社交空间连接稀疏，我们将学习资源嵌入融入学习者表示。因为学习者-学习资源空间的异质性，学习者的二阶邻居又是学习者节点，从而与社交邻居中的学习者发生重叠。因此，我们仅融合学习者的一阶邻居（对象）来表示学习者嵌入。因此，在学习资源空间中，信息的聚合方式表示为

$$u_i^k = y_i^{(t)} + \frac{\displaystyle\sum_{j \in \{j|r_{i,j}=1\}} v_j^k}{\displaystyle\sum_{j=1}^{M} r_{i,j}} \qquad (6.47)$$

类似地，式（6.47）高效计算的矩阵形式为

$$U^k = Y^{k(t)} + ARV^k \qquad (6.48)$$

其中，$A \in \mathbf{R}^{T \times T}$ 是对角阵，其对角线上的第 q 个元素代表第 q 个学习者的连接对象数，且 V^k 的第 j 行由向量 v_j^k 构成。

4．模型预测和模型优化

模型预测：如图 6.14 所示，学习者对特定学习资源的偏好包括两个方面：多个显式视角和一个补充视角。然而，简单地将所有视角下的学习者偏好直接相加似乎是不合逻辑的。因此，我们对不同视角下的学习者偏好赋予不同的权重。通过加权单元，学习者的偏好可以表示为

$$p_{i,j} = \sum_{k=1}^{m+1} \mathrm{att}_{i,k} u_i^{k^{\mathrm{T}}} v_j^k \qquad (6.49)$$

$$\mathrm{att}_{i,k} = \frac{e^{\alpha_{i,p}}}{\displaystyle\sum_{p=1}^{m+1} e^{\alpha_{i,p}}} \qquad (6.50)$$

其中，$\boldsymbol{\alpha}_i = \left[\alpha_{i,1}, \alpha_{i,2}, \cdots, \alpha_{i,m}, \alpha_{i,m+1}\right]^{\mathrm{T}}$ 是 $m+1$ 维可训练的向量。它经过 Softmax 后，表示了归一化后不同视角的影响。

算法 6.1：MPSR 模型。

输入：U：学习者集合；V：学习资源集合；R：学习者-学习资源交互矩阵；S：社交关系矩阵，学习资源属性信息，Top-N 的大小 N

超参数设置：维度 d；初始学习率 β；正则化参数 λ；Dropout 保留率 φ；GCN 的层数 t

1: 计算项目特征矩阵 I^k（$k = 1, 2, \cdots, m$），学习者特征矩阵 F^k（$k = 1, 2, \cdots, m$），重构的社交权重矩阵 S^k

（$k = 1, 2, \cdots, m$）和学习者的度矩阵 A

2: 随机初始化 $\boldsymbol{\Theta}$、$\boldsymbol{\alpha}$ 和其他可学习的参数

3: **while not Loss 收敛 do:**

4:　　依据正例样本 D^+ 采样负例样本 D^-

5:　　**for** $k = 1, 2, \cdots, m, m+1$ **do**

6:　　　　按照式（6.41）和（6.42）初始化向量 x_i^k 和 v_i^k

7:　　　　按照式（6.45）和（6.48）建模学习者表示 U^k

8:　　**end for**

9: 通过式（6.49）预测学习者的整体偏好

10: 按照式（6.51）计算模型损失并更新模型参数 Θ

11: **end while**

12: **for** $i=1,2,\cdots,T$ **do**

13: 计算排序后未观测的学习者偏好 $\left\{p_{i,j'}|r_{i,j'}=0\right\}$

14: **end for**

输出：Top-N 的推荐列表 R_{e_i} $(i=1,2,\cdots,T)=\left\{j'|p_{i,j'}\right\}$，$\left|R_{e_i}\right|=N$

模型优化：由于仅仅关注了学习者的隐式反馈，并且实施了 Top-N 的学习资源推荐，所以这里同样采用 BPR 的策略。在训练阶段提出的模型的损失函数为

$$\text{Loss}=\sum_{i=1}^{T}\sum_{(i,j,j')\in D}-\ln\sigma\left(p_{i,j}-p_{i,j'}\right)+\lambda\left\|\Theta\right\|_2^2 \tag{6.51}$$

其中，$\sigma(\cdot)$ 为 Sigmoid 函数；Θ 为整个模型中可学习的参数，包括每个 E^k（$k=1,2,\cdots,m$）和隐式嵌入 x_i^{m+1}、v_j^{m+1}；λ 为正则化参数；$D=\left\{(i,j,j')\big|(i,j)\in D^+,(i,j')\in D^-\right\}$ 为训练集，$D^+=\left\{(i,j)\big|r_{i,j}=1\right\}$ 为有过交互的学习者-学习资源对，D^- 为每个训练步中未观察到的记录。采用 Adam 算法，并以一个较大的初始化学习率 0.01 来优化模型。更重要的是，由于 GCN 具有强大的表征能力，所以在 GCN 的每一层特征转换函数后采用 Dropout 操作来防止出现过拟合。

6.3.3 实验分析

本实验的数据集、对比方法、实验的数据准备和参数设置详见 6.2.3 节。在此不再详细叙述。

1．整体比较

表 6.6～表 6.9 展示了 MPSR 模型和基线模型在两个数据集上评价指标的对比情况，其中的%省略。考虑到维度大小 d 会显著影响模型的泛化能力，我们在相同维度大小为 64 的情况下，用不同的 Top-N 值对不同模型进行评估。由于相关实验环境设置相同，所以其他基线模型的比较与 6.2.3 节中的一致。对于本节的模型，可以发现，MPSR 模型在两个数据集上同时获得了最佳性能。尤其在 Yelp 数据集上的性能比最好的基线模型仍提高了 10%以上。对于指标 Recall@N 和 Precision@N，N 值越小，性能提高越明显。这说明我们的模型在推荐列表的头部

具有较高的准确率，而 N 值较小的推荐在实际场景中更具有实用性。相比之下，尽管在 Ciao 数据集上可以观察到密集的社交关系，但是在 Ciao 数据集上的性能提高要比 Yelp 数据集低。由于在 Ciao 数据集上有更多的属性（视角），所以将这种更明显的性能提高归功于 Yelp 数据集上有更多的显式偏好建模。与 SERec 和 DiffNet 模型相比，尽管两者都考虑了社会影响，但 MPSR 模型仍然表现出色。因此，MPSR 模型中更合理、更有区别的社会信任传播有利于模拟学习者偏好。

表 6.6　基于 Yelp 数据集 MPSR 模型和基线模型的对比情况（1）

模　　型	Recall@5	Precision@5	NDCG@5
BPR	3.1444	3.0837	4.9445
NGCF	3.03489	3.1055	4.7122
DHCF	3.1259	3.0764	5.1021
SERec	2.9975	3.3242	4.9825
DiffNet	3.1329	3.3789	5.0250
MPSR	**3.8428**	**4.0678**	**5.2780**

表 6.7　基于 Ciao 数据集 MPSR 模型和基线模型的对比情况（1）

模　　型	Recall@5	Precision@5	NDCG@5
BPR	2.6991	4.6621	5.5707
NGCF	2.7389	4.6080	5.3689
DHCF	2.5169	4.2105	4.9694
SERec	3.0260	4.9897	5.8705
DiffNet	2.9601	4.9038	5.8224
MPSR	**3.3688**	**5.4349**	**6.3760**

表 6.8　基于 Yelp 数据集 MPSR 模型和基线模型的对比情况（2）

模　　型	Recall@10	Precision@10	NDCG@10
BPR	5.0423	2.6025	5.4872
NGCF	5.0618	2.7100	5.2714
DHCF	4.9391	2.5879	5.5460
SERec	5.1861	2.8759	5.5109
DiffNet	5.4887	2.8741	5.6226
MPSR	**6.2843**	**3.5156**	**5.7830**

表 6.9　基于 Ciao 数据集 MPSR 模型和基线模型的对比情况（2）

模　　型	Recall@10	Precision@10	NDCG@10
BPR	4.2175	3.6190	5.3888
NGCF	4.4497	3.7939	5.4110
DHCF	4.1387	3.5395	5.0456

模　　型	Recall@10	Precision@10	NDCG@10
SERec	<u>4.8707</u>	<u>4.1803</u>	<u>5.9427</u>
DiffNet	4.6627	3.9291	5.7320
MPSR	**5.3784**	**4.3552**	**6.3248**

2. 参数分析

为了探索 MPSR 模型在稀疏数据上的性能，采用稀疏度分组实验，将测试集的用户根据其在训练集中的历史交互记录分为 5 组。Yelp 数据集和 Ciao 数据集上不同稀疏度用户组的比较如图 6.17 和图 6.18 所示，其中，图 6.17（a）和图 6.18（a）显示了两个数据集上每一组用户的比例。(0,5]表示该组训练集中用户的连接对象数为 0～5。这两个数据集都凸显了推荐数据的稀疏性问题，即几乎一半的用户有不超过 5 个连接对象，超过 85% 的用户有少于 50 个连接对象。Yelp 数据集中对象的数量是 14284（Ciao 中是 103408）。

随后，本节在不同稀疏度用户组上比较各种模型的性能表现。在图 6.17 和图 6.18 中，统一选择 N=10 进行比较，横轴显示用户组信息。在选定的两个数据集上，MPSR 模型在大多数情况下都优于其他模型，尤其在(5,20]和(20,50]组中的性能提高更明显，这说明了该多视角社交框架在提高稀疏用户偏好预测上有良好的优势。随着用户评分记录数量的增加，Precision 和 NDCG 模型的性能在所有模型中快速提高。对于 Recall，在用户交互次数大于 50 时呈先上升、后下降的趋势。此外，MPSR 模型在 Recall 上所有组中的表现都优于其他模型，并且随着交互次数的增加，相对于基本 MP 模型的性能提高逐渐降低。当每个用户的连接记录次数小于 5 时，MP 模型在 Yelp 数据集上的 Recall 和 NDCG 指标表现优于 BPR、NGCF 和 DHCF 模型，甚至在 Yelp 数据集上的 NDCG@10 表现最好。在这个稀疏组下，SERec、DiffNet 和 MPSR 模型利用社交关系来缓解稀疏性的影响，实现了性能的较明显的提高。同时在 Ciao 数据集上的进步要比 Yelp 数据集大得多，这可能是因为在 Ciao 数据集上的社交关系更加密集。与社交推荐模型相比，MPSR 模型在大多数情况下比 SERec 和 DiffNet 模型表现得更好，但在(100,1500]组参数设置上的性能表现接近其他参数组合，甚至更差。同时在这个最密集的组(100,1500]中，模型之间的差异不明显，而缺乏社交信息的 NGCF 模型在 Yelp 数据集上超过了 SERec 模型，这可能是因为用户交互次数已经足够了，社交关系的作用似乎不重要。

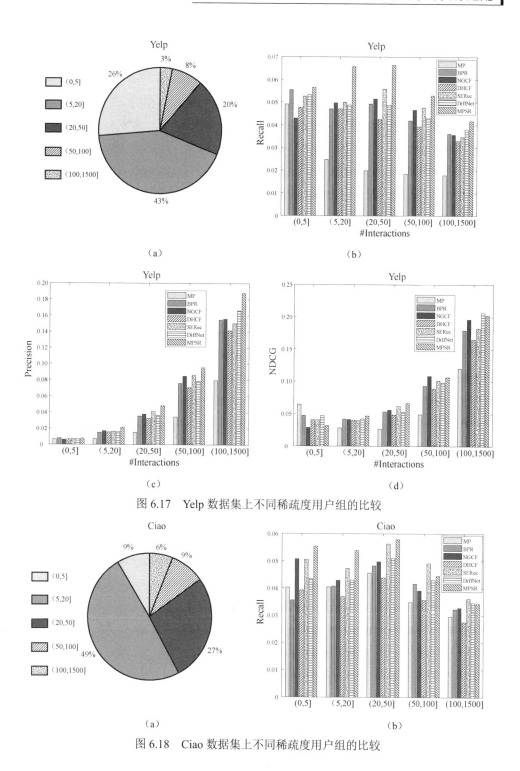

图 6.17　Yelp 数据集上不同稀疏度用户组的比较

图 6.18　Ciao 数据集上不同稀疏度用户组的比较

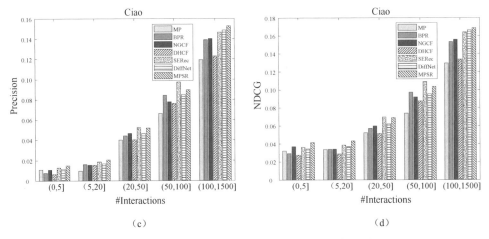

（c）　　　　　　　　　　　　　　　（d）

图 6.18　Ciao 数据集上不同稀疏度用户组的比较（续）

　　为了探究社交关系中多视角的存在，本节在 Yelp 数据集中选择用户（UserID:1）和他的一些朋友进行案例研究。图 6.19 从不同视角展示了用户的行为和行为相似度。在图 6.19（a）中，每个用户用一个直方图来表示，横轴表示在城市（如 Ahwatukee、Florence）中的不同属性类别（Attribute Category），纵轴表示用户在这些城市中的选择频率（Frequence）。通过分析这些用户的特征，可以发现该用户和他的不同朋友之间的相似度有显著的不同，这也说明了用户的朋友之间的信任程度应该被认为是不同的。图 6.19（b）展示了不同类别视角下的用户行为及其相似度。从这个角度看，用户可以选择 512 种不同类别的活动。与图 6.19（a）不同的是，用户之间的相似度很低，这说明从这个视角来看，这些朋友对该用户的信任程度并不高。总体来说，该用户在城市和类别这两个视角下与朋友的相似点是不同的，这说明该用户的社交关系在多视角下应该是多样化的。

　　为了证明基于统计的社会信任设置的有效性，我们将社会信任设置模块与 MPSR 框架中的其他两种设置进行了比较。一种是原始社交 MPSR 模型，即 6.2 节的 OMPSR 模型，其表示在其他步骤不变的情况下废除显式视角的加权社交网络配置，用原始社交关系网络来代替。另一种是图注意力 MPSR（GATMPSR）模型，采用图注意力网络中的注意力机制获取可学习的注意力权值，并用它替代式（6.1）中的 $\tilde{s}_{i,i'}^{k}$。对这两种 MPSR 变量进行实验，结果表明，当 L_2 系数和 Dropout 保留率与 MPSR 保持一致时，结果最好。不同社交信任程度设置的影响如图 6.20 所示。

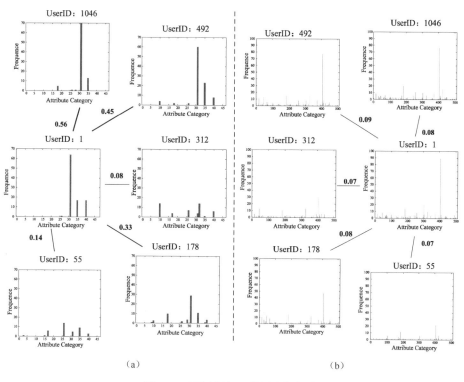

图 6.19　不同视角下的用户相似度

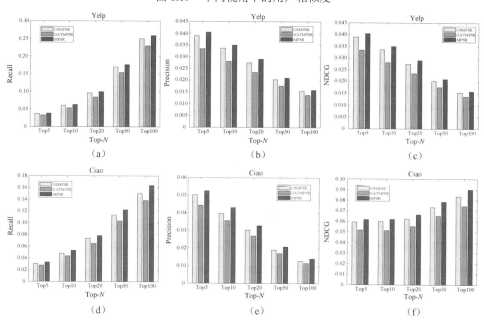

图 6.20　不同社交信任程度设置的影响

实验结果表明，MPSR 模型在所有情况下都优于 OSMPSR 和 GATMPSR，这表明基于统计的社会信任程度设置是有效的。与此同时，尽管随着 N 的增大，二者的差异减小，但可以发现，GATMPSR 的表现比 OSMPSR 还要差，其原因可能是注意力机制的权值不适用于多视角框架，参数的增加使得在有限的数据下难以有效地训练模型。此外，在 Ciao 数据集上，MPSR 模型对 OSMPSR 的改善程度远大于 Yelp 数据集，而 GATMPSR 与 OSMPSR 在 Ciao 数据集上的差异大于 Yelp 数据集。我们将这种差异归因于具有不同稀疏性的社交关系，因为在 Yelp 数据集中建模，不同的信任程度设置可能更容易丢失信息（特别是稀疏的社会邻居）。

6.4　研究趋势

随着信息过载问题的激增，推荐系统受到越来越多的关注，也广泛应用于各个领域。以教育中的在线学习平台为例，随着在线教育学习者规模的不断增长，课程资源的不断增加，如何为学习者在海量的数字化学习资源中找到满足其需求和能力水平的资源成为衡量在线学习平台服务水平的关键因素。传统的推荐算法以矩阵分解为例，其主要思路是通过将学习者偏好矩阵分解为两个低秩矩阵（学习者特征矩阵和对象特征矩阵）相乘的形式，从而预测缺失偏好。而随着社交媒体平台的兴起，学习者间的交流不断加深，社交推荐也被众多研究者关注，而如何利用社交关系丰富学习者表示成了社交推荐的研究重点。

随着以 CNN 为代表的深度学习的不断发展，研究者希望将卷积捕获局部特征的强大能力引入非欧几里得空间的图数据，图卷积神经网络应运而生。图卷积神经网络的优势在于能充分捕获非欧几里得空间中邻居节点的传播信息，在众多图任务上显现了出色的性能。考虑到学习者-学习资源交互关系和学习者-学习者社交关系的自然图结构，基于图卷积神经网络的社交推荐模型被提出并在任务性能上表现优异。本节主要详细介绍了基于学习者多视角的社交推荐模型和融合图卷积的复杂社交关系推荐模型，分别通过构建学习者的显式偏好和隐式偏好，以及针对不同视角下学习者间的信任程度，重新定义不同视角的社交连接关系，从而提高推荐系统的准确性。

本章针对学习者偏好和社交关系的多样性展开了不同层面的研究，依据不同的解决思路，提出了两种基于图卷积神经网络的社交推荐模型。尽管本章提出的模型与现有的社交推荐模型相比，性能均有所提高，但基于社交关系的学习资源适配仍面临着诸多挑战。希望未来能在以下方面展开研究，并进行突破。

（1）当前的工作进行了关于学习者偏好可解释性的初步试探，利用学习资源属性对学习者的显式偏好进行划分，有助于学习者理解推荐的具体原因。但显然这种划分方式肯定是不够的，如何针对不同场景定义合理的学习者偏好划分方式有待进一步探究。例如，可引入多维信息，结合相邻知识域对学习者诉求进行推理，有助于推荐系统的科学性建模。

（2）在本章的工作中，学习者社交关系的建立是通过学习者历史行为特征的相似度进行计算的，但该方式在数据极度稀疏的情况下也并不合理。因此，可以探索一种更稳健的社会关系测量机制来表征不同社会邻居的信息。例如，引入知识图谱、NLP 等先进技术，提取合理先验，提高学习者表示的可解释性，从而提高推荐精度。

（3）目前的研究方向主要集中在学习者历史交互的建模方式上，如何利用对话系统进行多轮对话式推荐也是最近的热门方向。通过多轮对话探知学习者意图也是提高推荐系统可解释性的重要手段。同时，可结合本书的分层（多视角）思想进行对话层面的更合理的建模，结合强化学习技术实施快速、精准的推荐。

（4）传统的基于社交关系的推荐模型都是基于单个学习者偏好进行建模的，从而提取相应的特征，所建立的低阶的信息矩阵使推荐模型的性能提高较低。因此，可以通过将多个学习者之间的偏好进行集体建模来提取高阶的信息矩阵，并以学习者之间的关系为桥梁不断向外扩张，使特征矩阵的维数不断扩大，使其社交关系表征更为丰富，从而提高推荐系统的精度。

（5）社交网络中的社交关系表征具备多元化和复杂化等特性，当前的推荐模型对社交网络中的社交关系利用较为单一。因此可以尝试探索一种跨社交区域、社交网络自我演变的社交关系图网络，基于聚类算法塑造社交关系的信任程度，提高社交关系图网络的健壮性，从而大大提高社交关系的利用效率，打造一个精准、高效的推荐系统。

参考文献

[1] DAVIS F D. Perceived usefulness, perceived ease of use, and user acceptance of information technology[J]. Mis Quarterly, 1989, 13(3):319-340.

[2] AJZEN I. From intentions to actions: A theory of planned behavior[J]. Action control. Springer Berlin Heidelberg, 1985, 11-39.

[3] BHATTACHERJEE, ANOL. Understanding information systems continuance: an expectation-confirmation model[J]. MIS quarterly , 2001, 25(3):351-370.

[4] CSIKSZENTMIHALYI M. Beyond boredom and anxiety[M]. San Francisco: Jossey-Bass, 2000.

[5] CHEN Y. Convolutional neural network for sentence classification [D]. Waterloo: University of Waterloo, 2015.

[6] 沈筱譞. 深度学习推荐方法及应用研究[D]. 武汉：华中师范大学，2020.

[7] WU L, SUN P, FU Y, et al. A neural influence diffusion model for social recommendation[C]. Proceedings of the 42nd international ACM SIGIR conference on research and development in information retrieval, 2019.

[8] LIU Y, LIANG C, HE X, et al. Modelling high-order social relations for item recommendation[J]. IEEE Transactions on Knowledge and Data Engineering, 2022(9): 34.

[9] GOLDBERG D, NICHOLS D, OKI B M, et al. Using collaborative filtering to weave an information tapestry[J]. Communications of the ACM, 1992, 35(12): 61-70.

[10] KIM P. Convolutional neural network[M]. Berlin: Springer, 2017.

[11] LAWRENCE S, GILES C L, TSOI A C, et al. Face recognition: A convolutional neural-network approach[J]. IEEE transactions on neural networks, 1997, 8(1): 98-113.

[12] LIANG M, HU X. Recurrent convolutional neural network for object recognition [C]. Proceedings of the IEEE conference on computer vision and pattern recognition, 2015.

[13] HU B, LU Z, LI H, et al. Convolutional neural network architectures for matching natural language sentences[J]. Advances in neural information processing systems, 2015, 3.

[14] ZHANG R. Making convolutional networks shift-invariant again[C]. International conference on machine learning, 2019.

[15] KIPF T N, WELLING M. Semi-supervised classification with graph convolutional networks[J]. 2016.

[16] BERG R V D, KIPF T N, WELLING M. Graph convolutional matrix completion[J]. 2017.

[17] HAMILTON W L, YING R, LESKOVEC J. Inductive representation learning on large graphs[C]. 3lst Conference on Neural Information Processing Systems, 2017.

[18] WANG X, HE X, WANG M, et al. Neural graph collaborative filtering[C]. Proceedings of the 42nd international ACM SIGIR conference on Research and development in Information Retrieval, 2019.

[19] JI S, FENG Y, JI R, et al. Dual channel hypergraph collaborative filtering[C]. Proceedings of the 26th ACM SIGKDD International Conference on Knowledge Discovery & Data Mining, 2020.

[20] BRUNA J, ZAREMBA W, SZLAM A, et al. Spectral networks and locally connected networks on graphs[J]. International Conference on Learning Representations, 2014.

[21] HAMMOND D K, VANDERGHEYNST P, GRIBONVAL R. Wavelets on graphs via spectral graph theory[J]. Applied Computational Harmonic Analysis, 2011, 30(2): 129-50.

[22] KINGAD A A. A method for stochastic optimization[C]. International Conferenceon Learning Representations ICLR, 2015.

[23] SRIVASTAVA N, HINTON G, KRIZHEVSKY A, et al. Dropout: a simple way to prevent neural networks from overfitting[J]. The journal of machine learning research, 2014, 15(1): 1929-58.

[24] SHI C, ZHANG Z, JI Y, et al. SemRec: a personalized semantic recommendation method based on weighted heterogeneous information networks[J]. World Wide Web, 2019, 22(1): 153-84.

[25] TANG J, GAO H, LIU H. MTrust: Discerning multi-faceted trust in a connected world[C]. Proceedings of the fifth ACM international conference on Web search and data mining, 2012.

[26] WANG M, ZHENG X, YANG Y, et al. Collaborative filtering with social exposure: A modular approach to social recommendation[C]. Proceedings of the AAAI Conference on Artificial Intelligence, 2018.

[27] VELICKOVIC P, CUCURULL G, CASANOVA A, et al. Graph attention networks[J]. stat, 2017, 1050: 20.

[28] VASWANI A, SHAZEER N, PARMAR N, et al. Attention is all you need[J]. Advances in neural information processing systems, 2017, 30.

[29] WU L, LI J, SUN P, et al. Diffnet++: A neural influence and interest diffusion network for social recommendation[J]. IEEE Transactions on Knowledge and Data Engineering, 2020.

第7章　知识图谱与学习资源适配

7.1　基于多尺度动态卷积的知识图谱嵌入模型

7.1.1　背景

随着深度学习算法的发展，CNN 在各领域的应用越来越广泛。基于深度学习的推理模型在语义特征学习与提取方面具有较大优势，因此本节针对知识图谱中存在的复杂关系（一对多、多对一和多对多关系）推理挑战，提出了一种基于多尺度动态卷积的知识图谱嵌入模型——M-DCN 模型。

在知识图谱中，所有关系都可以被划分为一对一、一对多、多对一和多对多4 种类型，其中，一对多、多对一和多对多关系可以称为复杂关系。如图 7.1 所示，以一对多关系为例，在该类型关系中的单个头实体会存在多个尾实体与其组成正确的三元组。例如，学习者对不同题型的掌握程度，以知识三元组的形式可表示为(学习者,掌握,几何题)、(学习者,掌握,代数题)和(学习者,未掌握,概率题)。

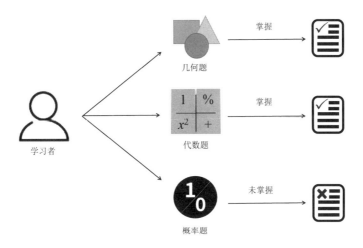

图 7.1　一对多关系示意图

研究人员发现，基于平移距离的知识图谱推理模型在处理 4 种类型关系时的性能差异较大，尤其在处理复杂关系时模型效果显著降低，这与此系列模型假设的关系为头实体到尾实体在向量空间的平移有着密切联系。以 TransE 模型为例，对于每个知识三元组 (h,r,t)，该模型假设都有 $h+r=t$。该假设能够很好地建模一对一关系模式，但是在面对以一对多为例的复杂关系时，会得到 $t_0 \approx t_1 \approx \cdots \approx t_n$ 的结果，即实体"几何题""代数题""概率题"的空间语义特征向量相等，这样的问题在多对一、多对多关系中同样会出现。

为解决上述复杂关系推理挑战，并结合深度学习在语义特征学习与提取方面的优势，本章提出一种多尺度动态卷积网络（Multi-scale Dynamic Convolutional Network，M-DCN）模型。M-DCN 模型旨在对于实体在不同的关系场景下，通过 CNN 提取不同的语义特征。例如，对于实体"姚明"在面对"职业"这一关系时重点提取其身高方面的特征，而在面对"队友"这一关系时需要重点提取其国籍方面的特征。首先，M-DCN 模型使整个神经网络能够动态获取实体在特定关系下的特定特征，然后用于知识图谱的推理。

7.1.2　M-DCN 模型

1. 本章符号体系

首先介绍本章所用的符号体系。知识图谱可表示为 G，其中 $\varepsilon = \{1,2,\cdots,|\varepsilon|\}$ 表示实体集合，$R = \{1,2,\cdots,|R|\}$ 表示关系集合，$|\varepsilon|$ 与 $|R|$ 则表示实体和关系集合中所有元素的数量；$T \subseteq (\varepsilon \times R \times \varepsilon)$ 则表示知识三元组集合，单个知识三元组可表示为 (h,r,t)，h 表示头实体，t 表示尾实体，而 r 表示头实体、尾实体之间的关系，根据定义可以得 $h,r \in \varepsilon$，$r \in R$，以及 $(h,r,t) \in T$。此外，本章使用粗体符号表示其对应的分布式表示，如 h、r、t 表示头实体、尾实体与关系的分布式表示，E 和 R 则表示所有实体和关系的语义矩阵。此外，M-DCN 模型会对三元组 (h,r,t) 定义一个评分函数 $\Phi(h,r,t) \in R$ 用于判断三元组的正确与错误。

2. 模型整体框架

图 7.2 所示为 M-DCN 模型整体框架，具体包括嵌入组合、编码模块和打分模块 3 部分。其中，在嵌入组合部分，M-DCN 模型以交替的方式重塑和连接头实体与关系语义特征向量，从而在卷积层可以充分提取它们之间的语义特征交互。在

编码模块部分，M-DCN 模型将生成不同尺度的卷积核用于提取头实体和关系语义特征向量之间不同方面的特征。此外，为了对复杂关系进行建模，这些卷积核的权重是动态生成的，与每个关系相关，用于提取实体在特定关系下的语义特征。最后提取的特征图将进行全连接和映射以得到关于头实体和关系的潜在语义关联，并通过与尾实体的语义特征向量进行内积来返回知识三元组的置信度。

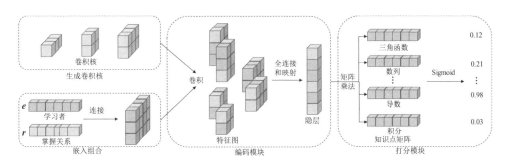

图 7.2　M-DCN 模型整体框架

3．实体和关系特征组合

对于知识图谱，首先随机初始化所有实体 ε 和关系 R 为语义特征向量，并得到 E 和 R。给定知识三元组 (h,r,t) 需要索引到头实体和关系的语义特征向量 $h,r \in \mathbf{R}^d$，并对它们进行特征组合，用于提取潜在语义交互。M-DCN 模型使用交替的方法进行特征组合，因为这样可以提取实体和关系之间的更多特征交互，且交互次数与卷积核大小成正比，具体过程如下：

$$M = [h \oplus r] \in \mathbf{R}^{d_w \times d_h} \tag{7.1}$$

其中，$\oplus$ 代表拼接操作；$[x]$ 代表二维变形（且有 $d_w \times d_h = 2 \times d$）；$M$ 代表神经网络的输入矩阵。在这种情况下，卷积运算可以提取 h 和 r 之间的语义交互，从而输出特征图。

此外，为对知识图谱中的复杂关系进行建模，M-DCN 模型生成与每个关系相关的卷积核 F_r，用于提取实体在特定关系下的语义特征。因此，卷积核可以从头实体语义特征中提取特定关系的特征，对区分实体之间的差异更为有效。其中，卷积核 F_r 被定义为

$$F_r = \mathrm{vec}\left(w_r^1, w_r^2, \cdots, w_r^n\right) \tag{7.2}$$

其中，$\mathrm{vec}(x)$ 表示全连接操作；$\left(w_r^1, w_r^2, \cdots, w_r^n\right)$ 表示不同尺度的子卷积核。卷积核

的维度由这些子卷积核的维度决定, 如果存在 3 个子卷积核 $w_r^1 \in \mathbf{R}^{1\times3}$、$w_r^2 \in \mathbf{R}^{2\times2}$、$w_r^3 \in \mathbf{R}^{2\times3}$, 则 $F_r \in \mathbf{R}^{1\times3}$。

4. 交互信息特征提取

多尺度卷积特征提取示意图如图 7.3 所示, M-DCN 模型会生成多尺度卷积核, 用于提取不同方面的特征, 不同尺度的卷积核 $(w_r^1, w_r^2, \cdots, w_r^n)$ 作用于输入矩阵 M, 从而得到不同的特征图 $(v_1, v_2, \cdots, v_n)$, 具体过程如下:

$$v_n(i,j) = f(M * w_r^n) = f\left(\sum_{a=1}^{d_h}\sum_{b=1}^{d_w}M(i+a, j+b)w_r^n(a,b)\right) \quad (7.3)$$

其中, $f(x)$ 表示非线性激活函数 ReLU; *表示卷积操作。对特征图进行全连接和映射以得到头实体和关系的语义交互信息 $U \in \mathbf{R}^d$, 其方法如下:

$$U = f(\text{vec}(v_1, v_2, \cdots, v_n)W) \quad (7.4)$$

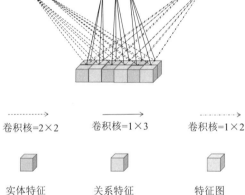

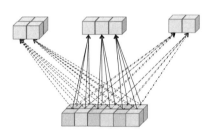

卷积核=2×2   卷积核=1×3   卷积核=1×2

实体特征   关系特征   特征图

图 7.3 多尺度卷积特征提取示意图

其中, W 表示共享矩阵, 用于将所有特征图映射为与实体同一维度。向量 U 包含了关系 r 与头实体 h 之间的交互信息, 它将用于与尾实体 t 进行语义匹配, 从而得到知识三元组 (h, r, t) 的置信度评分。

5. 模型优化与训练

M-DCN 模型将基于知识图谱与模型参数 θ 来优化极大似然函数 $p(G|\theta)$, 定义为

$$\max\ p\left(G|\theta\right) \tag{7.5}$$

其中，θ 表示模型的所有参数，包括实体和关系的语义特征向量、卷积核参数、共享矩阵、偏置项等。$p\left(G|\theta\right)$ 的定义为

$$p\left(G|\theta\right)=\prod_{\left(h,r,t\right)\in\{T\cup T'\}}\left(\varPhi\left(h,r,t\right)\right)^{y}\left(1-\varPhi\left(h,r,t\right)\right)^{1-y} \tag{7.6}$$

将正确三元组中的实体通过随机选取的方式替换，生成不存在于知识图谱中的错误三元组。M-DCN 模型的损失函数被定义为

$$\min L=-\log p\left(G|\theta\right)=-\sum_{\left(h,r,t\right)\in\{T\cup T'\}}\left(y\log\hat{y}\left(h,r,t\right)+\left(1-y\right)\log\left(1-\hat{y}\left(h,r,t\right)\right)\right) \tag{7.7}$$

7.1.3　实验分析

数据集。M-DCN 模型在以下数据集进行了知识图谱推理的相关实验：FB15k 数据集和 WN18 数据集，具体介绍如下。

（1）FB15k 数据集。FB15k 数据集抽取于世界知识库 FreeBase，包含 14951 个实体和 1345 种关系，其中描述了有关电影、演员、奖项、体育，以及运动队伍等知识。

（2）WN18 数据集。WN18 数据集抽取于语言知识库 WordNet，包含 40943 个实体和 18 种关系。它的实体代表词义，而关系定义了实体之间的词汇关系。

评价指标。知识图谱推理相关任务有 3 个常用评测指标，分别为平均排名 MR（Mean Rank）、平均倒数排名 MRR（Mean Reciprocal Rank）和前 k 命中率（hit@k），具体计算过程为

$$\begin{cases} \text{MR:}\ \dfrac{1}{2\left|T_{\text{test}}\right|}\sum_{i\in T_{\text{test}}}\left(\text{rank}_i^h+\text{rank}_i^t\right) \\[3mm] \text{MRR:}\ \dfrac{1}{2\left|T_{\text{test}}\right|}\sum_{i\in T_{\text{test}}}\left(\dfrac{1}{\text{rank}_i^h}+\dfrac{1}{\text{rank}_i^t}\right) \\[3mm] \text{hit@}k\text{:}\ \dfrac{1}{2\left|T_{\text{test}}\right|}\sum_{i\in T_{\text{test}}}I\left[\text{rank}_i^h\leqslant k\right]+I\left[\text{rank}_i^t\leqslant k\right] \end{cases} \tag{7.8}$$

其中，rank_i^h 和 rank_i^t 分别表示头实体和尾实体的排名；T_{test} 与 $\left|T_{\text{test}}\right|$ 分别表示测试集中的三元组和三元组数量；$I\left[P\right]$ 是指示函数，若条件 P 成立，则返回 1，否则返回 0；MR 与 MRR 分别表示正确实体（或关系）在候选评分列表中的平均排名

与倒数排名，MR 越低或 MRR 越高，表示模型整体预测性能越好。两个数据集的链接预测结果和 MRR 结果如图 7.4～图 7.6 所示。

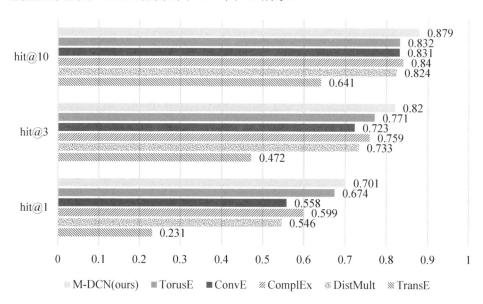

图 7.4　FB15k 数据集的链接预测结果

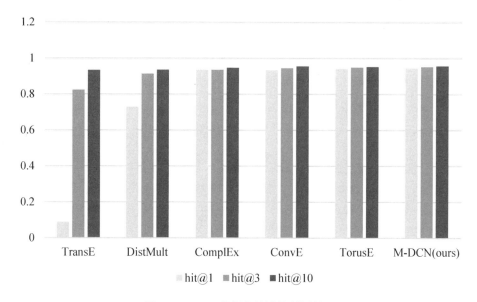

图 7.5　WN18 数据集的链接预测结果

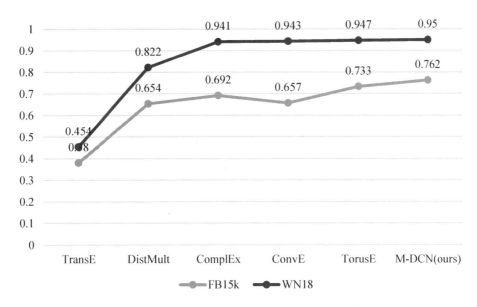

图 7.6　FB15k 数据集和 WN18 数据集的 MRR 结果

总体结果。本节在 FB15k、WN18 两个数据集上测试了不同模型的性能，并给出了进一步分析。其中，用于对比的模型包括基于平移距离的推理模型（TransE、TorusE），基于语义匹配的推理模型（DistMult、ComplEx）和基于深度学习的推理模型（ConvE）。M-DCN 模型在两个数据集的多个评价指标上都取得了最优的结果。

7.2　基于异质图神经网络的少样本知识图谱推理模型

7.2.1　背景

知识图谱大多属于自动化构建，并且规模庞大，无法做到所有知识都合理准确，往往存在许多实体和关系出现一词多义的现象。以图 7.7 为例，关系"包含"在三元组(中国,包含,北京)中代表着"位于"的具体含义，而在三元组(汽车,包含,轮胎)中则具有"零件"的含义。此外，在三元组(整体,包含,部分)，(集体,包含,个人)中也表现着不同的含义。同样地，部分实体也存在一词多义现象。因此，如何对知识图谱中的一词多义现象进行建模并用于推理成为研究的挑战之一。

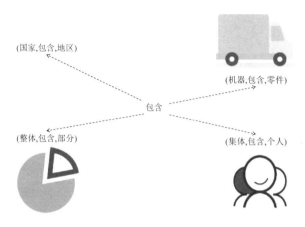

（国家,包含,地区）

（机器,包含,零件）

包含

（整体,包含,部分）

（集体,包含,个人）

图 7.7 一词多义示意图

由图 7.7 可知，传统模型常常假设头实体、关系和尾实体之间存在平移距离或语义匹配的关系，通常无法解决知识图谱中的一词多义现象。因此，本节首先提出学习实体和关系之间的交互影响，然后用于知识图谱推理，并提出一种基于异质图神经网络的少样本知识图谱推理模型——IE_RCN 模型。如图 7.7 所示，以关系"包含"为例，在面对关于地理的知识三元组(中国,包含,北京)时，可先与实体"北京"进行语义交互，从而将关系"包含"定位到"位于"的具体含义，然后用于推理。对知识图谱中存在一词多义的实体也可进行如此操作。实验结果表明，在常用的知识图谱数据集上，本节提出的推理模型在推理结果上都取得了一定的精度提升。

7.2.2 IE_RCN 模型

1. 模型整体框架

图 7.8 所示为 IE_RCN 模型整体框架，具体包括交互特征学习、卷积特征重构和链接预测评分 3 部分。首先，在交互特征学习部分，IE_RCN 模型学习头实体和关系的交互向量，该交互向量包含了从实体到关系和从关系到实体的跨语义影响。其次，在卷积特征重构部分，以交互向量为输入，通过重构卷 CNN 进行特征提取，从而有选择地提取重要特征并抑制无用特征。最后，在链接预测评分部分，将上一步提取的特征进行全连接和映射到交互向量维度，通过与尾实体的交互向量进行语义匹配计算，以输出知识三元组的置信度值。

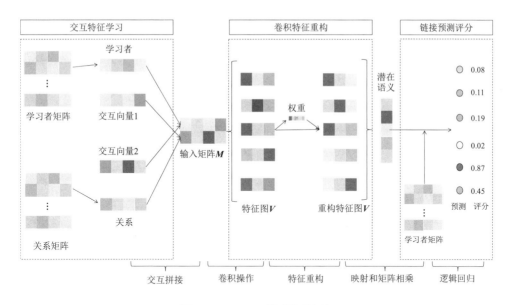

图 7.8　IE_RCN 模型整体框架

2．交互特征学习

具体地，对于给定知识三元组 (h,r,t) ，需要分别索引头实体、关系，以及尾实体的语义特征向量 h 、r 、t ，其过程如下：

$$\begin{cases} h = x_h^{\mathrm{T}} E \\ r = x_r^{\mathrm{T}} R \\ t = x_t^{\mathrm{T}} E \end{cases} \tag{7.9}$$

其中， x_h^{T} 、 x_r^{T} 、 x_t^{T} 分别表示头实体 h 、关系 r 、尾实体 t 的独热索引向量； E 和 R 表示所有实体与关系的语义矩阵。

考虑知识图谱中的实体和关系存在一词多义的现象，因此需要学习从实体到关系和从关系到实体的跨语义影响，从而对不同知识三元组进行推理预测。基于上述思路，对于每个知识三元组 (h,r,t) ，IE_RCN 模型为头实体 h 、关系 r 同时生成语义特征向量和交互向量。其计算过程为

$$\begin{cases} h^i = i_r \circ h \\ r^i = i_h \circ r^{\mathrm{T}} \end{cases} \tag{7.10}$$

总体来讲，在 IE_RCN 模型中，实体和关系都由经过跨语义交互的交互向量表示，且该交互向量包含从实体到关系和从关系到实体的跨语义影响，当针对不同知识三元组时，可捕获实体和关系的不同潜在语义。因此，与一般语义特征向量相比，学习知识图谱的交互向量可提供更强的泛化能力。

3. 卷积特征重构

随着计算能力的快速发展，CNN取得重大发展，并且在特征提取方面具有显著优势。为构建用于知识图谱推理的强大网络架构，IE_RCN模型使用多层卷积网络提取实体和关系的特征，并用于推理预测。

首先，神经网络的输入矩阵 M 可通过如下公式所得，即

$$h^i \oplus r^i = M \in \mathbf{R}^{2 \times d} \tag{7.11}$$

其中，符号 $\oplus$ 表示拼接操作，在这种情况下，通过卷积运算可以对 h 和 r 之间的语义交互信息进行提取，具体过程为

$$v_n(i,j) = (M*k_n)(i,j) = \sum_{a=1}^{h}\sum_{b=1}^{w} M(i+a, j+b) k_n(a,b) \tag{7.12}$$

其中，符号 $*$ 表示卷积操作；v_n 表示经过卷积操作后生成的第 n 个特征图；$k_n \in \mathbf{R}^{h \times w}$ 表示高度为 h、宽度为 w 的卷积核。

但是可以发现，由于卷积运算的局限性，不同特征图之间的信息是相互独立的，所以导致单个特征图无法利用其他特征图的上下文信息。为缓解这个不足并增强CNN的表现能力，IE_RCN模型采用重新校准机制来捕获特征图之间的相关性，提出对卷积特征进行重构，如图7.9所示。

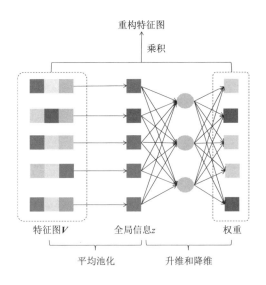

图 7.9　卷积特征重构示意图

总体来讲，本节所提出的卷积操作可以有效地利用平移距离假设，并进一步提取更重要的特征。通过使用重新校准机制来获取不同特征图之间的相关性。具

体而言，首先获取每个特征图的全局平均信息，然后使用门控机制来学习不同特征图之间的相关性，最后根据不同的重要程度对原始特征图进行加权，从而选择性地提取特征。

4．模型训练与优化

IE_RCN 模型将基于知识图谱与模型参数 θ 来优化极大似然函数，其中 θ 表示模型的所有参数，包括实体和关系的语义特征向量、卷积核参数、共享矩阵，以及偏置项等。在 IE_RCN 模型中，假设正确三元组 (h,r,t) 置信度的值为 1，错误三元组置信度的值为 0。因此，极大似然函数为伯努利分布，定义为

$$p\left(G|\theta\right)=\prod_{(h,r,t)\in\{T\cup T'\}}\left(\varPhi\left(h,r,t\right)\right)^{y}\left(1-\varPhi\left(h,r,t\right)\right)^{1-y}\qquad(7.13)$$

将正确三元组中的实体通过随机选取的方式替换，生成不存在于知识图谱中的错误三元组。IE_RCN 模型的损失函数被定义为

$$\min L=-\log p\left(G|\theta\right)=-\sum_{(h,r,t)\in\{T\cup T'\}}\left(y\log\hat{y}\left(h,r,t\right)+\left(1-y\right)\log\left(1-\hat{y}\left(h,r,t\right)\right)\right)\qquad(7.14)$$

7.2.3　实验分析

FB15k 数据集和 WN18 数据集的链接预测结果和 MRR 结果如图 7.10～图 7.12 所示。

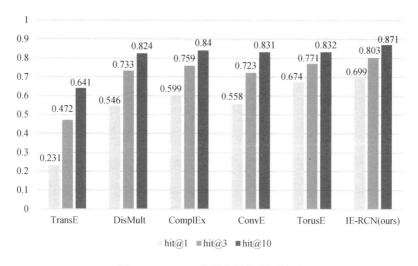

图 7.10　FB15k 数据集链接预测结果

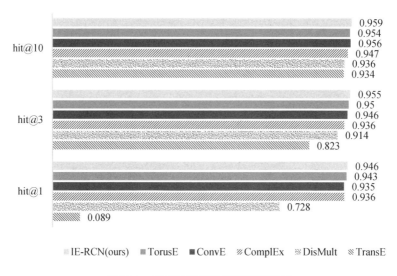

图 7.11　WN18 数据集链接预测结果

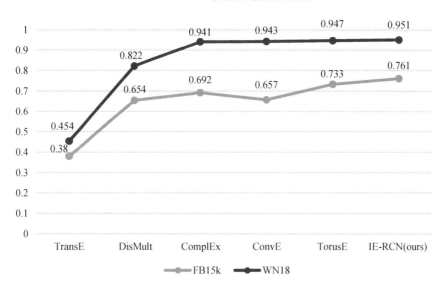

图 7.12　FB15k 数据集和 WN18 数据集 MRR 结果

总体结果。本节在 FB15k 和 WN18 两个数据集中测试了不同模型的性能，并给出了进一步分析。其中，用于对比的模型包括基于平移距离的推理模型（TransE、TorusE），基于语义匹配的推理模型（DistMult、ComplEx）和基于深度学习的推理模型（ConvE）。通过实验结果可以发现，本节所提出的 IE_RCN 模型性能优于其他对比模型，并在两个数据集的 MRR 和 hit@k 评价指标上都取得了最优性能。

7.3 基于异质图神经网络的知识图谱交互学习推理模型

7.3.1 背景

7.2 节对知识图谱中的复杂关系推理进行了研究，本节针对另一挑战——少样本（部分实体或关系样本数较少）知识图谱推理，提出基于异质图神经网络的少样本知识图谱推理模型——HRAN 模型。

现有的知识图谱推理模型往往需要大量实体和关系样本进行训练，只有这样才能准确地学习相应的语义信息。但在大多数知识图谱中，由于部分实体与之关联的关系数较少，所以导致很难学习它们的语义特征，在一定程度上限制了现有知识推理模型的性能。针对少量样本的实体和关系进行推理引起了研究人员的广泛关注。为解决这一难题，研究人员尝试使用邻接实体的语义特征来补充中心节点的语义特征，并取得了不错的推理效果。以图 7.13 为例，可以将"国家""职业""队友"，以及"俱乐部"等实体的语义特征汇聚到"C·罗纳尔多"这一实体上，从而得到"C·罗纳尔多"更充分的特征表示。

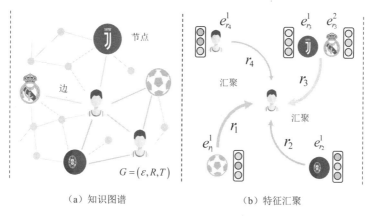

（a）知识图谱　　　　　　　　（b）特征汇聚

图 7.13　知识图谱与特征汇聚示意图

近年来，图神经网络（Graph Neural Network，GNN）的出现为上述问题提供了很好的解决方法。一方面，作为图结构数据的表示学习工具，图神经网络可以有效地聚合每个节点的邻居信息；另一方面，通过施加相同的汇聚函数可以显著提高图神经网络的计算效率。

知识图谱通常带有多种类型的实体和关系，被广泛称为异质信息网络（Heterogeneous Information Network）。可以发现，实体在每个基于关系的三元组下显示出不同的语义特征。由于异质图的复杂性，所以传统的图神经网络方法无法直接应用于知识图谱。因此，在为知识图谱设计有效的图神经网络框架时需要考虑以下问题。

（1）**知识图谱的异质性**。异质性是知识图谱的固有属性，即各种类型的实体具有不同属性，并且它们的特征可能属于不同的向量空间。仍以图 7.13 为例，节点"运动员"通过不同关系连接到不同的实体属性，包括"国家""职业""球员""俱乐部"；同时节点"国家"也连接到"球员""俱乐部"。因此，需要专门设计图神经网络框架来处理这种复杂的图结构数据，并同时保留多种语义特征信息。

（2）**不同关系的重要性**。知识图谱的异质性通常由关系路径反映，并且在不同知识三元组下表现出复杂的语义特征。通过不同关系路径可以汇聚不同的语义特征，如何汇聚这些语义特征并选择最重要的关系路径是一个关键挑战。例如，实体"C·罗纳尔多"可以通过三元组(C·罗纳尔多,国籍,葡萄牙)连接到"葡萄牙"，也可以通过三元组(C·罗纳尔多,俱乐部,尤文图斯)连接到"尤文图斯"。但是可以发现，关系"国籍"与关系"俱乐部"这两条关系路径的重要程度是不一样的，同等对待不同关系路径是不合理的，这会削弱一些重要的关系路径所聚集的语义特征。因此，需要计算每条关系路径的重要性，并为其分配适当的权重。

（3）**汇聚函数的影响**。作为图神经网络的关键组成部分之一，汇聚函数可用来汇聚每条关系路径下的邻接节点特征。与在欧氏空间数据（如图像、文本和视频）上进行深度学习不同，图结构化数据通常没有规则序列。此外，汇聚函数需要在无序的特征向量集合上运行，同时它需要在神经网络训练过程中保持较高的计算效率。不同的汇聚函数会产生不同的实验效果，因此有必要研究由不同汇聚函数组成的图神经网络框架对模型性能的影响。

基于以上分析，本书提出了一种新的异质关系注意力网络（Heterogeneous Relation Attention Network，HRAN）模型。HRAN 模型通过注意力机制（Attentional Mechanism）考虑不同关系的重要性，并研究使用不同汇聚函数对模型性能的影响。具体地，在给定中心实体语义特征作为输入的情况下，HRAN 模型首先融合每个基于关系路径的邻接实体，然后利用注意力机制获取不同关系路径的权重值，最后将具有注意力赋权的邻接实体特征通过汇聚函数进行聚合，并用于后续的知识图谱推理任务。多个数据集的实验证明，该模型相比于之前的对比模型，显著提高了知识图谱推理的表现。

7.3.2　HRAN 模型

1. 符号说明

下面介绍图神经网络的特征汇聚过程。令 $H^{(l)}$ 代表图神经网络中第 l 层的节点特征矩阵，则特征汇聚过程可表示为

$$H^{(l)} = f\left(\tilde{D}^{-\frac{1}{2}} \tilde{A} \tilde{D}^{-\frac{1}{2}} H^{(l-1)} W^{(l)}\right) \tag{7.15}$$

其中，$f(x)$ 表示非线性激活函数；$\tilde{A} = A + I \in \mathbf{R}^{|\varepsilon| \times |\varepsilon|}$ 表示知识图谱 G 的邻接矩阵，其中包含自连接；$\tilde{D}$ 表示矩阵 $\tilde{A}$ 的节点度矩阵，其中 $\tilde{D}_{ii} = \sum_j \tilde{A}_{ij}$。此外，$W^{(l)} \in \mathbf{R}^{d^{(l-1)} \times d^{(l)}}$ 表示用于汇聚的共享矩阵。对于包含非对称关系的有向图，邻接矩阵 $\tilde{A}$ 可通过逆对角矩阵 $\tilde{D}^{-1}$ 进行归一化。

2. 整体模型框架

图 7.14 所示为 HRAN 模型整体框架，具体包括实体层级特征汇聚、关系层级特征汇聚和三元组评分预测 3 部分。其中，在实体层级特征汇聚部分，HRAN 模型根据每个基于关系路径的邻接矩阵汇聚每条关系路径下的实体特征信息。在关系层级特征汇聚部分，由于不同关系路径通常具有不同的重要程度，因此需要通过注意力函数对每条关系路径计算注意力值，并用于赋权实体层级特征汇聚信息，通过汇聚函数聚合不同关系路径下且经过赋权后的特征信息。在三元组评分预测部分，本节提出一种新颖的评分函数来预测知识三元组的正确性。

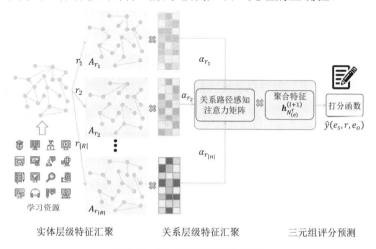

图 7.14　HRAN 模型整体框架

在 HRAN 模型中，不仅考虑了知识图谱的异质性，还根据不同关系路径的重要程度进行邻接节点特征汇聚。具体来讲，不同关系路径下的实体具有不同类别的语义特征，且不同关系路径的重要程度不同，需要计算每条关系路径的重要程度并为其分配适当的权重。因此，本节采用注意力机制并基于关系路径权重选择性地聚合邻接节点特征。此外，本节研究了 3 种汇聚函数对模型性能的影响。最后通过在实验中的详细对比分析可以发现，注意力机制可以揭示关系路径之间的差异，并对它们进行适当的加权。

3. 实体汇聚

HRAN 模型首先基于关系路径进行实体层级特征汇聚。若分别用 $\boldsymbol{h}_e^0$ 和 $\boldsymbol{r}_r^0$ 表示随机初始化的实体和关系语义特征，则实体层级的特征汇聚过程为

$$\boldsymbol{h}_{N_{(e)}^r}^{(l-1)} = \frac{1}{\left|N_{(e)}^r\right|}\left(\sum_{i\in N_{(e)}^r}\boldsymbol{h}_i^{(l-1)}\right) \tag{7.16}$$

因为聚合特征 $\boldsymbol{h}_{N_{(e)}^r}^{(l+1)}$ 是通过单个关系路径生成的，所以每个聚合特征都将是语义特定的，并且可以捕获一种实体类型的语义信息。

4. 关系汇聚

在关系层级特征汇聚部分，各种类型的语义信息通过与实体相关的关系汇总。实体反映了多种类型的语义信息，但是由于学习资源知识图谱的异质性，所以每个语义特定的汇总功能只能从一个方面捕获信息。为了汇总更全面的语义信息，需要多条路径来学习实体不同方面的语义特征。然而，处理每条关系路径同样削弱了由重要关系路径汇总的语义特征。为了解决这些问题，本节提出一种基于关系的注意力机制，以获得当前用于汇总各种类型语义信息的不同关系路径的重要性。

要了解不同关系路径的重要性，采用 $|R|$ 组实体级汇聚特征作为输入，每个关系路径的学习权重 $\left\{r_1, r_2, \cdots, r_{|R|}\right\}$ 表示为

$$\alpha_r^{(l-1)} = \varphi_{\text{att}}\left(\left(r_r^{(l-1)}, \forall r\in \mathbf{R}\right)\right) \tag{7.17}$$

在获得每条关系路径的重要性之后，每个基于关系路径的汇聚特征可以用学习的 $\alpha_r^{(l-1)}$ 作为系数加权。所有基于关系路径的汇总邻居特征都可以串联并融合，以获取每个实体的最终汇总邻居特征，即

$$h_{N_{(e)}^r}^{(l-1)} = \varphi\left(\text{CONCAT}\left(\boldsymbol{\alpha}_r^{(l-1)} \boldsymbol{h}_{N_{(e)}^r}^{(l-1)}, \forall r \in \mathbf{R} \right) \right) \tag{7.18}$$

其中，CONCAT 表示拼接操作。由于聚合特征 $\boldsymbol{h}_{N_{(e)}^r}^{(l-1)}$ 是通过单条关系路径生成的，所以每个聚合特征都是语义特定的，并且可以捕获一种关系类型的语义信息。

总体来讲，HRAN 模型的实体层级特征汇聚和关系层级特征汇聚不仅汇聚了来自不同类型的实体特征，同时为其分配了适当的权重，从而可以有选择地聚合邻接实体的特征信息。

5. 模型优化与训练

ConvD 模型将基于知识图谱与模型参数 θ 来优化极大似然函数 $p(G|\theta)$，其中 θ 表示模型的所有参数，包括实体和关系的语义特征向量、卷积核参数、共享矩阵、偏置项等。其定义为

$$p(G|\theta) = \prod_{(h,r,t) \in \{T \cup T'\}} \left(\varPhi(h,r,t) \right)^y \left(1 - \varPhi(h,r,t) \right)^{1-y} \tag{7.19}$$

具体地，ConvD 模型使用 Xavier 方法来初始化所有参数，通过分阶段使用随机丢失（Dropout Rate）技术来对模型进行正则化，包括卷积运算后的特征图和全连接后的语义交互向量。在 CNN 的每层后采用批处理归一化（Batch Normalization）方法来提高模型的收敛速度。此外，还利用标签平滑（Label Smoothing）技术来减少模型过拟合并提高泛化能力。最后，ConvD 模型使用 Adam 优化器（Adam Optimizer）对损失函数进行优化，这是基于梯度下降的一种快速且计算效率高的优化工具。

7.3.3　实验分析

数据集。HRAN 模型在 FB15k-237 数据集和 WN18RR 数据集进行了知识图谱推理的相关实验，具体介绍如下。

（1）WN18RR 数据集。WN18RR 数据集是 WN18 数据集的子集，其中删除了所有可逆关系。它包含了 40943 个实体和 11 种不同关系。

（2）FB15k-237 数据集。FB15k-237 数据集是 FB15k 数据集的子集，其中删除了所有可逆关系。它包含了 237 种不同关系与 14541 个实体。

FB15k 数据集 和 WN18 数据集的链接预测结果和 MRR 结果如图 7.15～图 7.17 所示。

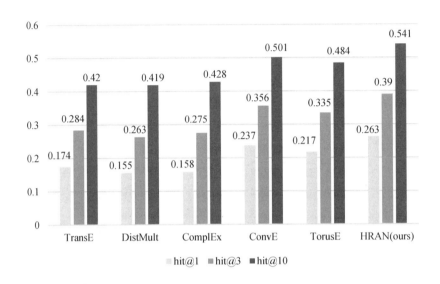

图 7.15　FB15k-237 数据集链接预测结果

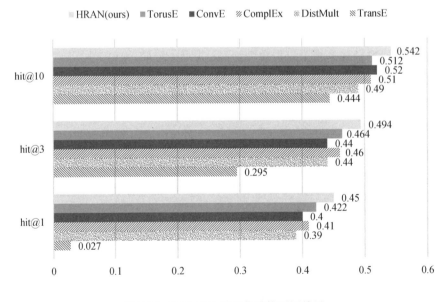

图 7.16　WN18RR 数据集链接预测结果

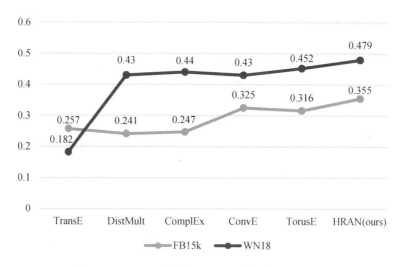

图 7.17　FB15K 数据集和 WN18 数据集 MRR 结果

总体结果。本节在 FB15k-237 和 WN18RR 两个数据集中测试了不同模型的性能，并给出了进一步分析。其中，用于对比的模型包括基于平移距离的推理模型（TransE、TorusE），基于语义匹配的推理模型（DistMult、ComplEx）和基于深度学习的推理模型（ConvE）。通过实验结果可以发现，本节提出的 HRAN 模型性能优于其他对比模型，并在两个数据集的 MRR 和 Hit@k 评价指标上都取得了最优性能。

7.4　基于知识图谱的学习资源适配模型

在学习者学习的过程中，与学习者相适配的学习资源起着关键作用。如何将这些学习资源恰当地表示为机器能识别的形式是整个智能导学中的关键问题。本节结合学习者多模态的感知特征，与学习资源知识图谱嵌入相结合，融入图神经网络模型，对学习者与学习资源建模，将最合适的学习资源推荐给学习者。通过知识图谱嵌入方法得到各个实体的嵌入向量 e_u，基于知识图谱的学习资源适配模型主要由 3 层组成：知识图谱传播层、知识感知注意嵌入层、预测层。知识图谱传播层用于将关键的协作信号显式编码为学习者与学习资源的表示；知识感知注意嵌入层沿着知识图谱中的链接传播知识关联，以递归方式扩展学习者和学习资源的表示，并使用补充边信息；预测层将知识感知注意嵌入层获得的学习者与学习资源的嵌入表示做语义匹配，以实现为学习者匹配合适的学习资源的目的，如

图 7.18 所示。

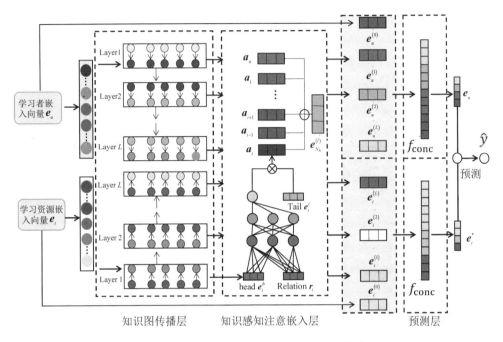

图 7.18　基于知识图谱的学习资源适配模型

基于知识图谱的学习资源适配模型的具体步骤如下。

步骤①：协作传播。直观地说，学习者在历史上与之交互的学习资源能够在一定程度上代表学习者的偏好。我们不是传统地使用独立的潜在向量，而是通过学习者的相关项来表示学习者 u。通过学习者 u 的历史交互获得的学习者 u 的相关项目集可以转换为通过学习资源和实体之间的对齐，并以知识图谱为单位传播的初始种子集。学习者 u 的初始实体集定义为 $S_u^0 = \{e \mid (v,e) \in \Psi, v \in \{v \mid y_{uv} = 1\}\}$，其中，$S_u^0$ 代表学习者的初始集合；(v,e) 代表学习资源和知识图谱中相对应的实体对齐；y_{uv} 代表学习者和学习资源之间的交互。一阶交互信息显式编码是最有效地表达潜在语义的编码方式。协作传播模块能够将最有效的编码信息反映到初始实体集中，从而增强学习者的刻画，并改善推荐效果。

步骤②：实体拼接。给定一个学习资源知识图谱 G，首先采用知识图谱嵌入方法计算出学习者嵌入向量 e_u 和学习资源嵌入向量 e_i，与普通图神经网络仅将学习资源实体嵌入作为输入不同，该方法还集成了实体类型的嵌入，以更好地编码知识图谱的异构性。特别是对于每个学习资源嵌入向量 e_i，通过其类型嵌入来增

强其原始实体嵌入，即

$$\hat{e}_i = f(e_i \oplus e_i^{\mathrm{T}}) \tag{7.20}$$

其中，$\hat{e}_i$ 代表类型 e_i 的增强嵌入；$f(x) = \sigma(Wx + b)$，W、b 分别代表转换矩阵和偏差项；$\oplus$ 代表串联操作，用于在传播步骤 $t = 0$ 时初始化其隐藏状态的 $\hat{e}_i$ 类型增强嵌入。

步骤③：基于图卷积网络的体系结构沿着高阶连通性递归传播嵌入。此外，利用图注意力网络的思想生成级联传播的注意力权重，以揭示这种连通性的重要性。在这里，首先描述一个由 3 部分组成的单层：信息传播、知识感知注意和信息聚合，并将其推广到多层。一个实体可以参与多个三元组，充当连接两个三元组和传播信息的桥梁。本节提出一种知识感知的注意力嵌入方法来生成尾实体的不同注意力权重，以揭示尾实体在获得不同头实体和关系时所具有的不同含义。

信息传播：考虑 (h, r, t) 是第 l 层三元组中的第 i 个三元组，构建一个尾实体的注意力嵌入 a_i，如 $a_i = \pi(e_i^h, r_i) e_i^t$，其中 e_i^h 是头实体的嵌入；r_i 是关系的嵌入；e_i^t 是第 i 个三元组的尾实体嵌入。

知识感知注意力：信息传播中的权重 $\pi(e_i^h, r_i)$ 控制从头实体生成的注意力权重及头部和尾部之间的关系。通过类似于注意力机制的神经网络实现函数 $\pi(\cdot)$，其公式为

$$\begin{cases} z_0 = \mathrm{ReLU}(W_0(e_i^h \| r_i) + b_0) \\ \pi(e_i^h, r_i) = \sigma(W_2 \mathrm{ReLU}(W_1 z_0 + b_1) + b_2) \end{cases} \tag{7.21}$$

其中，选择 ReLU 表示非线性激活函数，最后一个激活函数 σ 是 Sigmoid 函数；符号 ‖ 表示串联操作；W 和 b 分别表示可训练的权重矩阵和偏差项，它们的不同下标表示其为不同层的参数。本节通过 Softmax 函数对三元组中整个三元组的系数进行归一化：

$$\pi(e_i^h, r_i) = \frac{\exp(\pi(e_i^h, r_i))}{\sum\limits_{(h', r', t') \in S_0^l} \exp(\pi(e_i^{h'}, r_i'))} \tag{7.22}$$

其中，S_0^l 表示学习者或学习资源的第 l 层三元组。因此，注意力权重能够建议应该更加关注哪个相邻的尾实体，以便更有效地捕获知识关联。

信息聚合：将一个实体与其周围所有邻居尾实体经过信息聚合后的 a_i 进行求和后得到其自我网络表示 e_{N_h}，最后一个阶段是将实体表示 e_h 及其自我网络表示

e_{N_h} 聚合为实体 h 的新表示: $e_h^{(1)} = f\left(e_h, e_{N_h}\right)$，其中，$f$ 将两种表示相加并应用非线性变换，即

$$f_{GCN} = \text{LeakyReLU}\left(W\left(e_h + e_{N_h}\right)\right) \tag{7.23}$$

步骤④：高阶传播可以进一步堆叠更多传播层来探索高阶连通性信息，收集从高跳邻居传播的信息。在步骤①中，递归地将实体表示形式表示为

$$e_h^{(l)} = f\left(e_h^{(l-1)}, e_{N_h}^{(l-1)}\right) \tag{7.24}$$

其中，实体 h 在 l 层自网络内传播的信息定义为

$$e_{N_h}^{(l-1)} = \pi\left(e_i^h, r_i\right) e_i^{t(l-1)} \tag{7.25}$$

显然，高阶嵌入传播将基于属性的协作信号无缝注入表示学习过程。

步骤⑤：在执行 l 层后，最终我们会得到学习资源 e_i 的多层表示 $\left\{e_i^{(1)}, e_i^{(2)}, e_i^{(3)}, \cdots, e_i^{(L)}\right\}$，以及学习者 e_u 的表示 $\left\{e_u^{(1)}, e_u^{(2)}, e_u^{(3)}, \cdots, e_u^{(L)}\right\}$，不同层次的输出强调不同阶次的连通信息。因此，我们采用层聚合机制将每一步的表示连接到一个向量中，即 $e_i^* = e_i^{(0)} \| \cdots \| e_i^{(L)}$，$e_{F_{Ui}} = e_u^{(0)} \| \cdots \| e_u^{(L)}$。其中，符号 $\|$ 表示串联操作，这样不仅可以通过执行嵌入传播操作来丰富初始嵌入，还可以通过调整 L 来控制传播的强度。最后我们将学习者嵌入向量 e_u 和学习资源嵌入向量 e_i^* 进行内积 $\hat{y}\left(e_u, e_i^*\right) = e_u^{\mathrm{T}} e_i^*$ 操作，将得分最高的学习资源适配给学习者。

7.5 研究趋势

知识图谱推理及其下游任务未来的研究趋势主要集中在以下几个方面。

（1）可解释性。

知识表示和注入的可解释性是知识获取和实际应用的一个重要问题。现有方法（如 ITransE 和 CrossE）就可解释性进行初步努力。ITransF 使用稀疏向量进行知识转移，并通过注意力可视化进行解释。CrossE 研究了知识图谱的解释方案，利用基于嵌入的路径搜索生成链接预测的解释。然而，最近的神经模型在透明度和可解释性方面存在局限性，尽管它们已经取得了令人印象深刻的性能。一些方法结合了黑盒神经模型和符号推理的逻辑规则来提高互操作性。可解释性可以说

服人们相信预测。因此，进一步的工作应该在可解释性和提高预测知识的可靠性方面。

（2）可扩展性。

可扩展性是大规模知识图谱的关键。在计算效率和模型表达能力之间存在一种权衡，应用于 100 多万个实体的作品数量有限。有几种嵌入方法都采用简化的方法来降低计算量，如采用循环相关运算来简化张量积。然而，这些方法仍然难以扩展到数百万个实体和关系。利用马尔可夫逻辑网络的概率逻辑推理是计算密集型的，难以扩展到大规模的知识图谱。在最近的神经逻辑模型中，规则是通过简单的蛮力搜索生成的，这使得它在大规模的知识图谱上存在不足。ExpressGNN 尝试使用 NeuralLP 来进行高效的规则归纳。然而，要处理复杂的深度架构和日益增长的知识图谱还有很长的路要走。

（3）知识聚合。

全局知识的聚集是知识感知应用的核心。例如，推荐系统利用知识图谱建模用户-物品交互和文本分类，将文本和知识图谱编码到语义空间中。目前，大多数知识聚集方法设计的神经结构包括注意力机制和神经网络。通过 Transformer 模型和 BERT 模型等变体进行大规模的预训练，多种自然语言处理任务得到了提升。同时，最近的大量关于预训练模型中知识图谱研究的发现表明，非结构化文本在训练的语言模型前可以获得一定的事实性知识。大规模的前培训可以直接注入知识。然而，以一种有效的、可解释的方式重新思考知识聚集的方式也具有重要意义。

知识图谱推理整体上还处于成长期，其成熟期虽然在整体上还没有到，但是从一些将深度强化学习的技术用于知识图谱推理的论文中已经可以初步看到替代成长期的技术。基于深度强化学习技术的知识图谱推理方法更偏向于自动化地构建知识图谱。

目前的知识图谱高度依赖人工构建，人力密集且成本昂贵。知识图谱在不同认知智能领域的广泛应用要求从大规模的非结构化内容中自动构建知识图谱。目前的研究主要在已有知识图谱的监督下进行半自动化构建。面对多模态、异构、大规模的应用，自动化构建仍是一个巨大的挑战。

主流的研究主要集中在静态知识图谱的研究上，在预测时间范围效度、学习时间信息和实体动态方面的研究较多。许多事实只适用于一个特定的时期。动态知识图谱结合捕捉动态的学习算法可以克服传统知识表示和推理的局限性。

（4）基于知识图谱的学习资源适配趋势。

知识图谱可以用来表示实体之间的关系，如学习资源适配中的学习资源与学习资源、学习者与学习资源、学习者与学习者之间的关系。这些关系信息可以表示学习者偏好与学习资源相似度等信息，将这些信息引入学习资源适配可以显著缓解学习资源适配面临的冷启动与数据稀疏问题。如何利用知识图谱提升学习资源适配的准确性，从模型结构角度看，知识图谱与学习资源适配的结合有 3 种形式：依次学习、联合学习、交替学习。

依次学习（One-By-One Learning）：首先使用知识图谱特征学习得到实体向量和关系向量，然后将这些低维向量引入学习资源适配，学习得到学习者嵌入和学习资源嵌入。依次学习的缺点在于两个模块相互独立，无法做到端到端（End-To-End）的训练。通常来说，知识图谱特征学习得到的向量会更适用于知识图谱内的任务，如链接预测、实体分类等，并非完全适用于特定的学习资源适配任务。在缺乏学习资源适配模块的监督信号的情况下，学习得到的实体向量是否真的对学习资源适配任务有帮助还需要通过进一步实验来推断。

联合学习（Joint Learning）：将知识图谱特征学习和推荐算法的目标函数结合，使用端到端的训练方式进行联合学习。联合学习的优点和缺点正好与依次学习相反。联合学习是一种端到端的训练方式，学习资源适配模块的监督信号可以反馈到知识图谱特征学习中，这对于提高最终的性能是有利的。但需要注意的是，两个模块在最终的目标函数中的结合方式及其权重的分配都需要精细的实验才能确定。联合学习潜在的问题是训练开销较大，特别是一些使用到图算法的模型。

交替学习（Alternate Learning）：将知识图谱特征学习和学习资源适配算法视为两个分离且相关的任务，使用多任务学习（Multi-Task Learning）的框架进行交替学习。交替学习是一种较为创新和前沿的思路，其中，如何设计两个相关的任务和两个任务如何进行关联都是值得研究的方向。

参考文献

[1] BORDES A, USUNIER N, GARCIA-DURAN A. Translating Embeddings for Modeling Multi-relational Data[C]. Advances in Neural Information Processing Systems, 2013.

[2] MIKOLOV T, SUTSKEVER I, CHEN K. Distributed representations of words and phrases and their compositionality[C]. Advances in neural information processing systems, 2013.

[3] WANG Z, ZHANG J, FENG J. Knowledge graph embedding by translating on hyperplanes[C]. Proceedings of the Twenty-Eighth AAAI Conference on Artificial Intelligence, 2014.

[4] LIN Y, LIU Z, ZHU X. Learning entity and relation embeddings for knowledge graph completion[C]. Proceedings of the Twenty-Ninth AAAI Conference on Artificial Intelligence, 2015.

[5] JI G, HE S, XU L. Knowledge Graph Embedding via Dynamic Mapping Matrix[C]. Proceedings of the 53rd Annual Meeting of the Association for Computational Linguistics and the 7th International Joint Conference on Natural Language Processing, 2015.

[6] JI G, LIU K, HE S, et al. Knowledge Graph Completion with Adaptive Sparse Transfer Matrix[C]. Proceedings of the Thirtieth AAAI Conference on Artificial Intelligence, 2016.

[7] 刘知远, 孙茂松, 林衍凯, 等. 知识表示学习研究进展[J]. 计算机研究与发展, 2016, 53(2): 247-261.

[8] TROUILLON T, WELBL J, RIEDEL S, et al. Complex embeddings for simple link prediction[C]. Proceedings of the 33rd International Conference on Machine Learning, 2016.

[9] LIU H, WU Y, YANG Y. Analogical inference for multi-relational embeddings[C]. Proceedings of the 34th International Conference on Machine Learning, 2017.

[10] WANG Q, MAO Z, WANG B, et al. Knowledge Graph Embedding: A Survey of Approaches and Applications[J]. IEEE Transactions on Knowledge and Data Engineering, 2017, 29(12): 2724-2743.

[11] SHI B, WENINGER T. ProjE: Embedding projection for knowledge graph completion[C]. Proceedings of the Thirty-First AAAI Conference on Artificial Intelligence, 2017.

[12] 官赛萍, 靳小龙, 贾岩涛, 等. 面向知识图谱的知识推理研究进展[J]. 软件学报, 2018, 29(10): 2966-2994.

[13] KAZEMI S M, POOLE D. SimplE embedding for link prediction in knowledge graphs[C]. Advances in Neural Information Processing Systems, 2018.

[14] DETTMERS T, MINERVINI P, STENETORP P, et al. Convolutional 2D Knowledge Graph Embeddings[C]. Proceedings of the Thirty-Second AAAI Conference on Artificial Intelligence, 2018.

[15] SCHLICHTKRULL M, KIPF T N, BLOEM P, et al. Modeling relational data with graph convolutional networks[C]. Proceedings of the 15th European Semantic Web Conference, 2018.

[16] BALAZEVIC I, ALLEN C, HOSPEDALES T M. TuckER: Tensor Factorization for Knowledge Graph Completion[C]. Proceedings of the 2019 Conference on Empirical Methods in Natural Language Processing, 2019.

[17] JIANG X, WANG Q, WANG B. Adaptive Convolution for Multi-Relational Learning[C]. Proceedings of the 2019 Conference of the North American Chapter of the Association for Computational Linguistics, 2019.

[18] BALAZEVIC I, ALLEN C, HOSPEDALES T M. Hypernetwork Knowledge Graph Embeddings[C]. Proceedings of the International Conference on Artificial Neural Networks, 2019.

[19] NATHANI D, CHAUHAN J, SHARMA C, et al. Learning Attention-based Embeddings for Relation Prediction in Knowledge Graphs[C]. Proceedings of the 57th Annual Meeting of the Association for Computational Linguistics, 2019.

[20] SHANG C, TANG Y, HUANG J, et al. End-to-End Structure-Aware Convolutional Networks for Knowledge Base Completion[C]. Proceedings of the Thirty-Third AAAI Conference on Artificial Intelligence, 2019.

[21] SUN Z, DENG ZH, NIE JY, et al. RotatE: Knowledge Graph Embedding by Relational Rotation in Complex Space[C]. Proceedings of the 7th International Conference on Learning Representations, 2019.

[22] ZHANG Z, CAI J, ZHANG Y, et al. Learning Hierarchy-Aware Knowledge Graph Embeddings for Link Prediction[C]. Proceedings of the Thirty-Fourth AAAI Conference on Artificial Intelligence, 2020.

[23] 徐冰冰，岑科廷，黄俊杰，等. 图卷积神经网络综述[J]. 计算机学报，2020, 43(05): 755-780.

[24] VASHISHTH S, SANYAL S, NITIN V, et al. InteractE: Improving Convolution-Based Knowledge Graph Embeddings by Increasing Feature Interactions[C]. Proceedings of the The Thirty-Fourth AAAI Conference on Artificial Intelligence, 2020.

[25] VASHISHTH S, SANYAL S, NITIN V, et al. Composition-based Multi-Relational Graph Convolutional Networks[C]. Proceedings of the 8th International Conference on Learning Representations, 2020.

[26] WU Z, PAN S, CHEN F, et al. A comprehensive survey on graph neural networks[J]. IEEE Transactions on Neural Networks and Learning Systems, 2021, 32(1): 4-24.

第 3 部分

应用与展望

第 8 章　学习资源适配系统的开发与实现

8.1　国家教育资源公共服务平台

　　国家教育资源公共服务平台由空间、资源、社区、活动 4 个主要部分构成，平台建设的核心思想是把线下日常的教学内容、教学资源、教学交流、教与学活动，以及活动中的关系迁移到网络学习空间中，让互联网真正惠及全体教师的专业发展和每位学生的成长、成才。该平台总体上按照"平台研发+资源集成+关键技术攻关+应用示范"的模式开展研究和建设工作。该平台通过汇聚的方式提供终身学习所需的所有数字教育资源，组织多方协同攻关，对该平台关键技术进行联合研究，以技术进步推动应用创新。开展国家教育资源公共服务平台应用试点推进规模化、常态化应用，整合教育服务产业，转变发展方式，推动形成以国家教育资源公共服务平台为核心的创新服务模式、运营机制与监管体系。

　　在全国 31 个省（自治区、直辖市）的 35 个应用示范市或县的试点学校中开展国家教育资源公共服务平台的网络学习空间应用示范。网络学习空间是国家教育资源公共服务平台的核心，是由教育主管部门或学校认定的，融资源、服务、数据为一体，支持共享、交互、创新的实名制网络学习场所。国家教育资源公共服务平台的网络学习空间是平台功能个性化的集成，实现了文章发布、互动交流、文件存储、应用使用数据记录等功能，是教育机构、教师、学生在平台上从事教与学活动的载体和主要场所。空间是用户使用国家教育资源公共服务平台获取共享教育资源、开展教学活动的主要场所。从功能架构上看，国家教育资源公共服务平台网络学习空间主要由我的导航、个人中心、我的云盘、消息中心和应用中心 5 个部分构成。国家教育资源公共服务平台的基本功能和扩展功能如图 8.1 所示。每个部分的功能不同，又相互补充，为用户通过网络学习空间开展教育教学活动提供了便利。各应用示范的试点地区教育行政部门和电教馆负责组织所有参加试点的学校、教师、学生开通网络学习空间，探索带动学生家长逐步开通空间，推动教师在日常的教学活动中逐步使用教师空间，引导和帮助教师逐步将教师空间应用常态化。截至课题结束，在国家教育资源公共服务平台上，应用示范的试点地区累计有 19346 所学校开通了学校空间，注册教师空间 613475 个，注册学生空间 1644856 个，注册家长空间 2387695 个，规模大大超过了课题原计划的 3000 所学校。

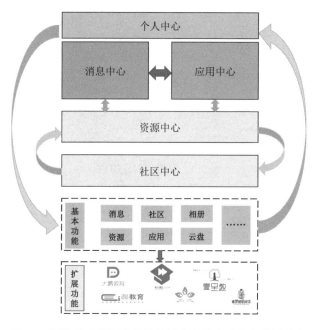

图 8.1   国家教育资源公共服务平台的基本功能和扩展功能

通过国家教育资源公共服务平台上的网络学习空间（见表 8.1～表 8.6），学校可以建立门户，对不同用户的网络学习空间进行通知公告和最新资讯管理，在线组织教学、教研和德育活动，进行学校班级和成员管理，开展本校资源建设和共享；教师可以在自己的资源空间中订阅和购买自己需要的资源，存储管理已有的资源，并进行班级教学活动管理，分享个人教学心得和成果，参与校内或校外的教研活动；学生可以在教师指导下获取平台的资源空间，完成作业评测，分享学习体会或向他人提问，锻炼自主学习能力；家长可以及时了解学校情况和通知，参与孩子教学活动，与学校和教师进行沟通互动，提高家庭教育与学校教育的配合水平。与此同时，学生的资源空间中不仅包含教师开放和推送的相应学习资源，还具备网络学习空间根据学生的学习情况和需求推送的相应学习资源和配套的学习活动。教师在有类似学习需求时，学习空间也会给教师进行个性化学习资源适配和相应的学习活动生成。

表 8.1　学生空间应用表

学生空间		
课前预习	数字教材	探究资源
课堂学习	课堂练习	心得笔记
课后复习	在线提问	作业测评

表 8.2　教师空间应用表

教师空间			
课前备课	预习指导	编写教案	制作课件
课堂授课	问题情景	互动教学	联系反馈
课后辅导	作业练习	考试测评	在线答疑

表 8.3　学校空间应用表

学校空间		
校本资源	通知公告	岗位群组
应用订阅	班级管理	成员管理
教师空间		

表 8.4　班级空间应用表

班级空间			
学生空间	班级论坛	班级资源	班级相册

表 8.5　家长空间应用表

家长空间		
学生空间	家校沟通	孩子成长
学校空间		

表 8.6　社区空间应用表

社区空间			
家长空间	社区资源	社区活动	社区小组
学校空间			

8.2　教育云平台介绍

教育云平台是一个开放、共享的平台。基于这种理念，教育云平台中的资源既需要国家相关机构和部分企业系统化建设，又需要广大学习者积极参与上传。同时，学习者除了主动获取资源实现学习的目的，平台本身也应该通过对学习者需求模型和喜好模型的分析主动推送相关内容给学习者，实现对自主学习的智能支持。为满足这样一种需求，需要进一步对学习资源适配进行研究。

8.2.1　多并发学习资源

除了在教育云平台创建之初就存在的资源，海量资源需要在教育云平台建设的过程中由学习者不断创建，已有资源也需要不断进行动态更新，因而对资源的多并发提出了要求。多并发学习资源的目标是使多个学习者对于同一学习资源的访问实现协同，既保证学习资源的及时更新，又要通过相关机制保证学习资源不同的版本和不同学习者的创作过程不发生冲突，实现对于同一学习资源的多版本动态管理。同时，教育云平台面向的学习者群体是非常庞大的，对于同一学习资源的处理概率也相应较高，并发处理的数量必然非常庞大，如何合理、高效、流畅地协调不同学习者的并发编辑请求有待进一步深入研究。

8.2.2　跨格式学习资源

开放的学习资源建设机制和异构的学习资源形式决定了教育云平台中的学习资源类型必然是复杂多样的，基于教育云平台对多种格式的学习资源提供解析支持是需要解决的问题之一。一方面，需要根据学习资源类型的不同，开发、集成不同的解析软件以形成共享的工具平台，为学习者提供软件服务；另一方面，积极依据相关标准，规范化已有的学习资源类型，将现有的纷繁复杂的异构学习资源归类、简化为有限的几种学习资源类型，研制开发跨格式的工具软件和平台，达到规范化管理异构学习资源、简化学习资源创建过程、提高学习资源适用范围和普及程度的目的。

8.2.3　学习资源聚合

学习资源聚合是教育云平台多方共建的关键之一。在教育云平台中，学校、企业、社区、个人、博物馆、图书馆、出版社，以及其他各级教育机构、行业信息系统都会成为教育资源的提供者。学习资源聚合就是将海量教育学习资源进行深度数据挖掘，在特定教育情景和活动中进行智能的、灵活的、动态的按需聚合，随时适应个性化学习资源获取的需求，支持学习者解决在教育教学中遇到的各种问题。学习资源聚合需要解决的关键问题如下。

基于语义的动态学习资源聚合。学习资源本身的结构是动态生成的，也可在不同的学习活动和情景中成为其他学习资源的组成成分。通过对学习资源的智能聚合，无须人工手段，教育云平台就可以将最合适的内容动态及时地按照学习者的兴趣和需求提供给学习者，情景不同，聚合的学习资源内容不同，从而满足学习者个性化学习的需求。

基于语义的泛在学习资源本体可扩展模型。接入教育云平台的学习资源来自各种不同领域和行业，这些领域和行业内部的各种类型的学习资源存在一定的共同语义。将这些共同语义抽取出来形成领域语义库和行业语义库，并在相关语义底层知识库的支持下，按照语义相似度将这些本体库进行扩展，最终将学习资源所映射的个体知识和群体知识互动叠加，形成智慧型的网状学习资源网络。

8.2.4　学习资源适配

教育云平台是基于先进技术和先进教育理念的开放性教育平台，学习者基于该平台进行学习，平台本身除了提供学习资源，还应能够根据学习者特征实现学习资源的自动适配，为学习者的学习提供强大的支持。智能化的学习资源适配需要解决以下问题。

根据学习者的使用习惯和相关测试形成学习者模型，该模型要能够反映学习者的学习需求、媒体喜好和关注重点，并根据学习者的不断使用进行动态更新，保证实时提供给学习者最有价值的学习资源，优化学习者的学习体验。其中，模型的自动生成和测试项目的编制是研究重点。

通过数据挖掘技术和智能语义理解技术，根据学习者模型动态聚合相关学习资源，根据学习者的媒体喜好、学习时间、学习终端的不同，采取不同的学习资源处理和分发策略，保证学习者得到适量、适当、适时的学习资源适配服务，从而获得最佳的学习体验，产生最好的学习效果。

8.3　平台应用

图 8.2 所示为国家教育资源公共服务平台，该平台针对不同身份的用户提供了不同的学习资源推送方式，学生可以在精品课版块中找到自己想要学习的课程视频，学习者可以在找资源版块中找到自己想要获取的各种各样的学习资源，教师也可以在看教研版块中找到相关的教研指导资料。

图 8.2　国家教育资源公共服务平台

对于教学资源不断更新的问题，该平台组织了一系列活动形式对教学资源进行更新，不断实现最新、最优的在线教学资源的汇聚。

云上讲堂教学活动（见**图 8.3**）。云上讲堂由中央电化教育馆主办，依托国家云课堂，定期为全国教师提供在线直播课程，拓展教师培训渠道，提高广大教师应用信息技术手段开展灵活多样的线上线下教学和支持服务的意识与能力。云上讲堂聚焦一线应用，帮助广大教师掌握组织实施教学，或者与学生进行在线互动交流、辅导答疑的工具和技能等。具有代表性的区域、学校、教师代表可以在云上讲堂进行在线经验分享，就教育教学中产生的共性问题进行探讨交流。

图 8.3　云上讲堂教学活动

基础教育精品课（见**图 8.4**）。为了使教育教学资源得到不断的发展和更新，也为了让更多的学习者可以看到更为优秀的微课资源，本研究团队联合教育部组织的基础教育精品课可以为更多优秀的教师提供一个展示自我的平台。该平台通过评选的方式对教师上传的微课进行评优、评先，在锻炼教师能力的同时为更多的学习者和广大教师提供可参考的教育教学资源。

图 8.4　基础教育精品课

一师一优课，一课一名师（见图 8.5）。在全国范围内开展的"一师一优课，一课一名师"通过征集特级教师上优课的方式让全国的名师展示自己在课堂上的风采。截至 2022 年 8 月 20 日，该平台上共计晒出了 20077191 堂课程的教学资源。丰富的教学资源不仅是对平台资源的填充，还为学习者提供了更多可供选择的学习资源。

图 8.5　一师一优课，一课一名师

第 9 章　总结、展望与应用

9.1　总结

当前的在线学习平台中信息冗余、教育资源质量参差不齐，使学习者在选择教育资源时不仅要面对从海量的教育资源中选择合适的学习资源的问题，还要面对优质教育资源的选择和判别的问题，这对学习者来说无疑是很困难的。本书利用深度学习技术分别对学习者的评分记录、学习者的评论信息、学习者的社交关系和知识图谱进行建模，构建了高效的学习资源推荐模型，能够有效地提高推荐结果的准确率，使学习者在进行在线学习过程中获得更加个性化的学习体验，以此提高学习者的学习效率。本书主要提出了 4 个模型用于解决学习者选择困难的问题。

（1）本书提出了一个基于 CNN 的内容推荐模型（CBCNN 模型），使用多媒体资源中的文本信息作为推荐依据，先利用隐含因子模型，根据历史行为数据计算出学习者与学习资源的特征向量，再利用 CNN 将资源中的文本信息与其对应的特征向量进行映射拟合，最后利用训练完成的 CNN 进行推荐。通过实验证明了该模型的合理性和有效性，并能够在一定程度上解决新资源的冷启动问题。针对数据不均衡与模型扩展性不足的问题，进一步提出了深度矩阵分解（DMF）模型。该模型构建了两个特征转移函数，利用深度神经网络将学习者与学习资源的各类输入信息进行特征提取，并生成学习者与学习资源的隐含因子，最终完成推荐。借助特征转移函数，该模型可以融合各类信息，提高了模型的扩展性，并且能够有效缓解数据不均衡对模型的影响。针对深度学习推荐模型普遍的效率低、可用性不足的问题，本书构建了隐含反馈嵌入模型，将原本高维稀疏的隐含反馈数据进行嵌入学习，并将其表示为一个低维实值向量，从而极大地降低了模型的参数规模，提高了模型效率。在经典的推荐模型数据集上的仿真实验表明，与最先进的推荐模型相比，DMF 模型在推荐准确率上有一定的优势，并且实验表明该模型具有对其他信息的扩展能力。

（2）本书提出了一个基于评论表示学习和历史评分行为的置信度感知推荐模型（CARM）。该模型利用评论信息的交互性，构建了学习者与学习资源的交互潜在因子。通过置信度矩阵衡量评分离群值和误导性评论之间的关系，进一步提高模型的准确性，减少误导性评论对模型的影响。同时，通过最大后验估计理论来构建损失函数。通过引入小批量梯度下降算法来优化模型的损失函数。实验结果表明，CARM 在 4 个公开数据集上实现了最优的性能。在解决评论置信度的问题上，进一步提出了一个新的基于 L_0 范数评论特征表示学习的推荐模型，即高效深度矩阵分解模型（EDMF 模型）。评论中的两个特性首次被揭示。首先，学习者与学习资源之间评论的交互性被利用，评论的这种交互性也可以认为是一种学习者的评分行为。其次，评论只包含学习者对学习资源偏好的部分描述信息，这种特性被称为评论的稀疏性。对于第 1 个特性，模型通过带词注意力机制的 CNN 提取单条评论的交互信息。然后，考虑到评论信息是一个稀疏特性的，即第 2 个特性，采用 L_0 范数来约束评论。通过最大后验估计理论来构建损失函数。最后，为了优化损失函数，引入了交替最小化算法。4 个公开数据集的实验结果表明，EDMF 模型在效果和效率上优于目前最先进的模型。

（3）本书提出了一个基于学习者多视角的社交推荐模型（OMPSR 模型）。为了增强推荐系统的可解释性问题，该模型将学习者偏好分为显式偏好和隐式偏好，并利用学习资源的属性对学习者显式偏好进行划分，隐式偏好用于表征那些学习者未知视角下的偏好情况。为了对不同视角下的偏好进行融合，引入了注意力单元，进一步提高了模型推荐的准确性。最后利用 Adam 算法对损失函数进行优化，实验结果证明，OMPSR 模型与其他最先进的推荐模型相比，在两个公开数据集上的性能均得到了提高。进一步的消融实验展现了设置显式偏好的有效性和合理性。为了分析社交关系的多样性和复杂性，进一步提出了一个融合图卷积的复杂社交关系推荐模型（MPSR 模型）。考虑到实际生活场景中学习者社交圈的差异性，即在不同情境下对不同朋友的信任度不同，该模型认为学习者的社交关系也是多视角的，在不同视角下，学习者之间的信任度是不同的（社交网络边的权值）。为了使社交影响在不同视角下进行更加合理的传播，该模型通过对不同视角下的学习者特征进行构建，重新定义不同视角的社交连接关系，利用学习资源的属性对学习者显式偏好进行划分，对不同视角下的偏好进行融合，并引入了注意力单元，进一步提高了模型推荐的准确性。最后利用 Adam 算法对损失函数进行优化。实验结果证明 MPSR 模型与其他最先进的推荐模型相比，在两个公开数据集上性能均得到了提高。稀疏度分组实验也验证了其对稀疏用户的高质量建模能力。进一步的案例研究和社交信任度设置证明了利用统计方法设置多视角权重的合理性和有效性。

（4）本书提出了一个基于多尺度动态卷积的知识图谱嵌入模型（M-DCN 模型）。该模型将实体与关系的嵌入连接为一个组合，利用多尺度卷积操作来学习嵌入不同方面的特性，特别是这些卷积操作的权值与相关的关系。因此，一个实体在卷积过程中可以输出不同的特征，从而有效地区分不同的实体，以处理复杂的关系。在模型训练过程中，利用 Top-N 评分技术和 Adam 优化器来加快训练速度；采用 Dropout 操作和标签平滑来减少过拟合、提高泛化能力。在两个数据集上的实验结果表明，该模型可以有效地对复杂关系进行建模，并在两个数据集上实现了三元组分类任务的最高性能。为了解决知识图谱中存在的一词多义现象，本书进一步提出了一个基于异质图神经网络的少样本知识图谱推理模型（IE_RCN 模型），研究了涉及不同三元组时包含跨语义影响的实体和关系交互嵌入，并将重新校准机制集成到 CNN 中，以提高模型的表征能力。实验结果表明，IE_RCN 模型能够有效地对复杂关系进行建模，并在两个数据集上实现了最先进的链路预测任务。为了有效解决知识图谱中少样本的挑战，本书提出了一种基于异质图神经网络的知识图谱交互学习推理模型（HRAN 模型），通过语义特征学习不同关系路径的重要性，将每个基于关系路径的语义特征与学习到的权重进行聚合，生成嵌入表示。因此，该模型不仅可以聚合不同语义信息的实体特征，还可以为它们分配适当的权重。该模型可以捕获各种类型的语义信息，并有选择地聚合语义特征。实验结果表明，与几种最先进的模型相比，该模型具有更好的性能。

9.2　展望

随着机器学习技术在图像处理、自然语言识别等方向上取得的巨大成功，基于机器学习的学习资源适配算法也已成为最近的研究热点。基于机器学习的学习资源适配算法可以归为两大类：基于隐含因子估计的机器学习推荐算法和基于表示学习的推荐算法。

基于隐含因子估计的机器学习推荐算法主要利用机器学习技术对各类数据信

息（如文本、图片等）进行表征建模，并将提取的特征作为用户或物品的隐含因子表示的先验信息来进行约束。利用 CNN 将与项目相关的文本描述数据融入推荐系统，提出了一种卷积矩阵因子分解模型（ConvMF 模型）。该模型利用 CNN 的多层卷积操作来捕获局部文本中词与词的相互关联，并将学习到的文本特征作为物品隐含因子表示的均值，从而提高推荐系统评分预测的准确性。栈式去噪自编码器（Stacked Denoising Autoencoder，SDAE）也被用于从额外信息中估计隐含因子的先验。由于机器学习的强大特征提取能力，所以表示学习技术也被用来助力推荐系统的发展。基于表示学习的推荐模型利用一些机器学习模型，如受限玻尔兹曼机（Restricted Boltzmann Machine，RBM）、自编码器（Autoencoder，AE）等，将各类输入信息进行特征压缩后得到其表示特征。通过学习算法，利用表示特征对用户历史行为进行重构，以最小化观测误差来训练网络模型的参数。将训练好的网络和表示特征用于预测，从而实现物品的推荐功能。此外，由于循环神经网络对时间序列的良好表征能力，所以许多研究者开始研究序列推荐的问题，即根据用户历史行为序列来预测用户下一个喜欢的目标。同时，随着图结构模型的火热，考虑图的结构天生就是不规则的，图卷积神经网络被提出并将卷积推广到图中。作为表征学习中最强大的工具之一，图卷积神经网络主要利用图中邻居的信息来构造节点的表示，在最近许多基于图的任务中显示出了它的理论优势和相对较高的性能。许多研究者尝试将图卷积神经网络与推荐框架相结合以提高模型推荐精度。何向南提出的 KGAT 模型中，试图捕捉用户偏好如何受到社交网络中社交扩散的影响。在用户（或项目）空间和社会空间中同时迭代学习用户（或项目）特征表示，对高阶社会关系进行建模，并利用注意力机制从不同阶的社区中获取信息。

（1）处理信息过载。

海量的学习资源会使各类学习者的个性化需求得到满足，但同时会让学习者"无所适从"，难以找到合适的学习资源。学习资源适配算法旨在利用推荐系统相关技术，解决在线环境下学习资源过载的问题。研究者采用协同过滤算法设计了一个在线学习的推荐系统。在开发这个系统时，一个假设是具有相似浏览或反馈模式的学习者会对相似的学习资源感兴趣。学习者之间的相似度是根据他们的浏览模式和反馈来计算的，这是推荐其他相似学习者学习过的课程的基础。该系统分析历史学习者数据，使用挖掘出的规则向学习者进行学习资源适配。研究者提出在向学习者适配相似的学习材料时融合反馈信息，使推荐内容与以前使用的材料相似，并且得到的是其他学习者高度评价的学习材料。将矩阵分解和基于内容的方法结合起来，开发了一种混合方法，并将其作为一种缓解数据稀疏问题的手段。

（2）精细化查询。

为学习者寻找相关材料比向学习者推荐学习资源更具挑战性，因为学习者和学习资源的表示更为复杂。学习者的目标可以通过查询来捕获，查询是学习资源适配的输入。一种显式方法是学习者必须从提出的建议中选择术语以细化查询。学习者可以通过向初始查询中添加术语以聚焦查询，或者通过更改查询以获得更广泛的查询视图来细化查询，试图缩短在伪相关反馈中进行的两阶段检索所需的时间。如果精细化查询是初始查询的一个版本，那么使用初始检索集的结果能缩短在处理精细化查询时所需的时间，以便更快速地了解学习者想要达到的目标。以上的相关研究都说明了学习资源适配算法更需要考虑教育中学习者和学习目标的特殊性。针对学习者往往不能完美表达其学习意图的情况，学习资源适配更需要通过学习历史轨迹，从多维度、多层次对学习者与学习资源进行刻画。

（3）结合大规模预训练语言模型。

随着大规模预训练语言模型的发展，人们越来越重视大规模预训练语言模型的潜在应用。近年来，学习资源适配偏差受到研究者的很大关注，原因是观测到的数据中通常存在各式各样的偏差，如选择性偏差，即学习者倾向于选择自己更喜欢的东西进行交互，这就使没有观测到的东西与观测到的东西有不一样的喜好分布。因此，不能简单地用观测到的东西的分布来估计空缺值。基于大规模预训练语言模型的先验知识处理学习资源适配偏差是未来的主要方向。

9.3 应用

9.3.1 基于多模态推荐的个性化学习路径制定

个性化学习路径规划在过去的教学过程中更重视教师的教，重点还是以教师为中心，忽视了学生在学习中的主人翁角色。但是，个性化学习应以学生为主体，学生才是课堂和学习的主角，他们是独立的个体，有自己独立的思想。他们有权利选择自己的学习方式，并且要尊重他们自己的分析和判断。在学习的过程中，应帮助他们建立适合他们的学习方法和学习模式。

在大数据和人工智能急速发展的今天，通过对学生在线学习数据的采集可以制订更为合理的个性化学习方案；应让学生加入教学设计的过程，参与个性化学习的设计。在学习的过程中，应用模型总结和分析学生的学习习惯和学习规律，建立知识点之间的关联，构建学科知识图谱。同时，个性化学习资源适配技术能够根据学生的学习行为、学习兴趣，为每个学生提供符合自身需求的学习资源，助力个性化学习路径的构建。

9.3.2 融入认知诊断的学习目标规划

作为新时代人工智能和数据挖掘技术的综合应用，智能导学系统可以参考学习课程内容设计课前的预习工作，同时针对课堂中需要重点掌握的知识和难点知识布置个性化的课后作业，为学生制定合适的学习目标。同时，在线学习平台可以实现教师和学生之间的异地同步交流，教师和学生可以对学习任务和学习进度提出个人建议和意见，共同完成学习任务的设计。学习目标制定后，可以由师生进行协商，在协调一致后进行修改和改进。

动态的学习目标调整也应该是智能导学系统具备的特征。在线学习平台可以结合学生在每个阶段的学习内容动态调整不同学习阶段下学习目标的内容。同时可以依靠知识追踪、认知诊断模型等技术实时感知学生的知识掌握状态，从而为其制定符合其自身能力的学习目标，构建更为合理的学习目标规划方案。

9.3.3 基于推荐算法的教育干预措施

只有学习者感兴趣的、关心的、熟悉的，有利于学习者掌握相关科学知识和思维方式的问题，学习者才会乐于接受学习资源适配推荐的学习资源，并在学习资源适配推荐中体会学习的乐趣。这些学习资源适配推荐的内容与学习者的实际生活有紧密联系，学习者乐于用已有的科学知识分析解决这些问题，同时提高学习资源适配推荐的准确性。例如，初中数学教材中要求学习者通过对三角函数的了解掌握解决三角函数问题的几种解法。学习资源适配则可以在三角函数的问题中进行筛选，进而推荐生活场景中的三角函数问题，如计算现实生活中学习者在教学楼、体育馆和宿舍之间的距离与方位的问题，通过学习者对该问题的思考可以提高学习者的学习兴趣，之后在学习资源适配推荐相关的其他三角函数的问题时，由于该类问题具有现实性，所以学习者的热情就会很高，学习兴趣十足，增强了课堂上学习者的学习愿望，此时学习资源推荐则达到了良好的干预作用，通过推荐的干预措施有效地提高学习者的学习兴趣与学习效率。

9.3.4 个性化学习资源适配

当前，海量的数字化学习资源带来了资源过载和资源迷航的问题。推荐系统结合知识图谱在教学领域的应用和发展情况可以针对学习资源领域的上述问题提供一个良好的解决方案和应用举措。以网络教育平台为例，提出的基于知识图谱的推荐模型能够构成知识点的体系结构，推荐有效和相关联的学习资源。针对网络学习中知识碎片化和学习导航的问题，可以做到精准且高效的学习资源适配，可视化地呈现学习资源与学习者之间的关联。

对于学习资源的个性化适配过程，首先对学习者状态（学习之初的知识能力结构和主观诉求、学习风格、在线学习偏好等）进行理论分析，初步确定资源的内容、类型，以及推荐的时间和频次等，以生成初始学习资源，在学习者应用学习资源的学习过程中逐渐调整学习资源适配策略。通过这样的过程，学习者可以在庞大的教育资源中检索出最适合、最喜欢的学习资源来进行有效学习，并在一定程度上提高学习者的学习兴趣，达到寓教于乐、乐学乐教的目的。

后　记

　　本书从学习资源适配的视角来考虑学习者与学习资源中学习关系的研究问题，从学习资源适配的研究背景与意义着手，在引入学习资源适配的相关理论基础后，分别对学习资源适配的关键技术、应用与展望展开探讨。在关键技术中，分别从认知诊断模型、基于评分记录的学习资源适配、基于评论信息的个性化学习资源适配、融入社交关系感知网络的学习资源适配、知识图谱与学习资源适配5 个方面来分析学习资源适配过程的研究方法。在应用与展望中，对学习资源适配系统开发与实现展开了全面探讨，并对学习资源适配的理论和实践进行总结，展望未来趋势，同时介绍了一些相关应用。虽然本书主要介绍学习资源的适配方法，但是也对影响学习资源适配的因素进行了相关研究，如学习者学习过程中的认知诊断，影响学习资源适配的评分记录、评论信息与社交关系感知网络，以及知识图谱与学习资源适配的深层次结合。此外，为了方便读者理解与深入思考，作者试图在阐述基本方法与原理的同时不失问题研究的深度，针对每种关键技术都引入了当前前沿的文献模型与实验结果，并将其作为案例加以分析和讨论，提高读者对相关关键技术的理解。

　　学习资源适配属于教育与人工智能交叉领域，它为个性化和智能化的教育提供了重要的理论依据、基本原理与实践方法，其研究的难点在于数据获取困难、数据处理复杂、关系构造复杂，以及在现实中由人的自身因素导致的复杂性分析等。当前，教育领域与人工智能交叉领域的工作者和研究者已经意识到了数据处理与操作在工作、研究中的重要性，学习资源适配的相关学习关系数据的获取使学习者与学习资源之间的关系更加清晰，为解决学习者与学习资源之间的合理适配提出了新的解决思路。为了全面地描述学习资源适配这个领域的研究热点，本书采用基础知识、研究方法和研究趋势结合的方式对相关模型进行归类和探讨，用了较多的篇幅来描述相关模型的内容与实现。为了避免研究理论的晦涩难懂，本书对相关研究方法提出了相关的应用场景，帮助读者进行理解。这种方式可以使读者在阅读时提高兴趣，增加收获。

    本书是学习资源适配方向的一本入门级著作，涉及的内容和方向繁杂，虽然尽可能囊括了学习资源适配的相关方向，但是对一些具体的领域问题的探讨可能不够深入，关于研究方向的分类与研究趋势也需要见仁见智。此外，由于作者考虑不周及学识局限等原因，书中难免存在错漏之处，希望读者多加指教，提出批评意见，以便此书的进一步完善。